国家示范性中等职业学校精品规划教材

液压与气动系统装调

主　编　蒋晓茹

副主编　高　丽

内 容 简 介

本教材以液压与气动系统装调为主线，以工作任务、学习任务为载体，阐明了液压与气动技术的基本原理，着重培养学生分析、设计液压与气动基本回路的能力，安装、调试、使用、维护液压与气动系统的能力，在编写过程中充分考虑中职教育的职业特色和中职学生的学习特点，在内容的取舍上以必需、够用为原则，力求做到少而精。本书可作为中等职业学校机电类、机械类等专业教材。

图书在版编目(CIP)数据

液压与气动系统装调／蒋晓茹主编. —天津：天津大学出版社，2016.6

国家示范性中等职业学校精品规划教材

ISBN 978-7-5618-5572-0

Ⅰ.①液… Ⅱ.①蒋… Ⅲ.①液压系统－设备安装－中等专业学校－教材②气动设备－设备安装－中等专业学校－教材③液压系统－调试方法－中等专业学校－教材④气动设备－调试方法－中等专业学校－教材 Ⅳ.①TH137②TH138

中国版本图书馆 CIP 数据核字(2016)第 126011

出版发行 天津大学出版社
地　　址 天津市卫津路 92 号天津大学内(邮编:300072)
电　　话 发行部:022-27403647
网　　址 publish. tju. edu. cn
印　　刷 天津泰宇印务有限公司
经　　销 全国各地新华书店
开　　本 185mm×260mm
印　　张 7.75
字　　数 193 千
版　　次 2016 年 6 月第 1 版
印　　次 2016 年 6 月第 1 次
定　　价 16.00 元

序　言

当前,我国正处于经济社会发展的关键阶段。大力发展职业教育,以服务社会主义现代化建设为宗旨,培养数以亿计的高素质劳动者和数以千万计的高技能专门人才,是我国从人力资源大国转变为人力资源强国的必要途径,更是转变经济发展方式,推动产业结构调整,为实现十八大提出的"新型工业化、城镇化、信息化和农业现代化"同步,推动经济社会科学发展的必然要求。为贯彻落实《国家中长期教育改革和发展规划纲要(2010—2020年)》关于加强职业教育基础能力建设的要求,教育部启动了国家中等职业教育改革发展示范学校建设项目,项目力争通过三年的时间,建设一批代表国家职业教育办学水平的中等职业学校,在中等职业教育改革发展中发挥引领、骨干和辐射作用。

2012年,我校成为第二批国家中等职业教育改革发展示范学校建设项目立项建设学校,为了深化中等职业教育改革发展示范学校建设,贯彻落实教育部有关中等职业学校教材建设工作的精神,创新人才培养模式和课程体系,我校采取校企合作的方式编写了以"基于工作过程"理念为指导的项目式、案例式的系列教材,加强学生实践技能的培养。本系列教材的编写,立足学生的主体发展,坚持基础理论"实用、够用",基本知识"面宽、灵活",实训技能"主线贯穿"的原则,力争做到目标设置全面性、内容选择实用性、课程评价科学性,以满足高素质技能型人才培养的需要。

教材的编写在我校还刚刚起步,存在许多不足之处,希望得到广大职教同人的指导和帮助,以促进我校教学改革工作取得不断提高。

2014年5月

前　言

为进一步加快培养我国经济建设急切需要的高素质技能型人才，中华人民共和国人力资源和社会保障部根据当代国际先进的职业教育理念，结合国内技工教育的现状，下发了《技工院校一体化课程教学改革试点工作方案》，布置在全国技工院校开展工学结合一体化（以下简称一体化）教学阶段性试教工作。通过试教、总结、完善和提高，2011 年 9 月一体化教学已在全国各技工院校逐步推广和应用。

随着国家示范校建设的推进，我校也在部分重点建设专业中开展了一体化教学试点工作。在职教专家的指导下，由学校实践经验丰富的专业教师和部分企业专家组成一体化课程开发组，将典型工作任务经过教学化处理，将工作任务转化成相应的学习领域，确定各课程的学习任务、目标、内容、方法、流程和评价方法，并以在典型任务中培养学生的综合职业能力为目标，以人的职业成长和职业生涯发展规律为依据，编写“课程设计方案”和“教学材料”，经过多次探索、修改和教学实践，突破了传统理论与实践分割的教学模式，基本完成了一套把理论教学与实践工作融为一体的教材。

本教材以液压与气动系统装调为主线，以工作任务、学习任务为载体，阐明了液压与气动技术的基本原理，着重培养学生分析、设计液压与气动基本回路的能力，安装、调试、使用、维护液压与气动系统的能力，在编写过程中充分考虑中职教育的职业特色和中职学生的学习特点，在内容的取舍上以必需、够用为原则，力求做到少而精。本书可作为中等职业学校机电类、机械类等专业教材。

本教材由蒋晓茹、高丽担任主编，西安技师学院高德龙担任副主编，李娟、许必勤和白芙蓉参编，同时还邀请企业工程技术人员张玉强、杨文斌、劳金奇、张涛参与了编写工作。本书的编写工作得到了院校领导的高度重视和大力支持以及企业工程技术人员的帮助，在此一并表示感谢。

由于时间仓促，加之编者的水平有限，教材中难免有不足之处，衷心欢迎广大读者为本教材提出宝贵意见，以便不断改进。

编者

2016 年 1 月

校企合作教材编审委员会

目　　录

项目一　常见液压元件的使用与维护……1
任务一　液压千斤顶的使用……3
任务二　液压泵的拆装与维护……10
任务三　液压缸的拆装与维护……23
项目二　液压传动基本回路连接与调试……43
任务一　方向控制回路连接与调试……45
任务二　压力控制回路连接与调试……55
任务三　速度控制回路连接与调试……70
任务四　组合机床动力滑台液压系统……85
项目三　认识气动系统……90
任务一　认识公交车气动门的工作原理……91
任务二　认识气源装置及气动基本回路……95
参考文献……114

项目一　常见液压元件的使用与维护

学习目标

知识目标：

1. 掌握液压千斤顶的工作原理；
2. 掌握液压系统的组成及各部分的特点；
3. 掌握液压控制技术的特点；
4. 掌握液压泵的结构、种类、工作原理、图形符号；
5. 掌握液压缸、液压马达的结构、种类、工作原理及图形符号；
6. 掌握液压设备使用安全操作规范；
7. 掌握液压辅助元件的功能。

技能目标：

1. 能正确使用液压千斤顶；
2. 能正确拆装与保养液压泵；
3. 能正确使用、拆装与保养液压缸、液压马达。

学习引导

平日在工厂、企业里面经常会见到许多采用不同传动形式的机械设备，如图1－1所示。

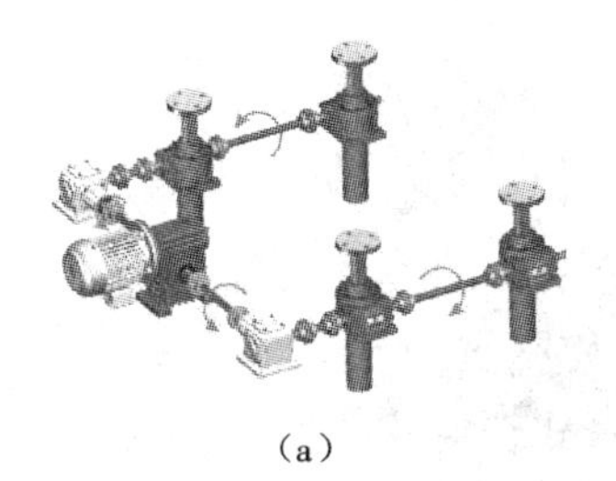

(a)

(b)

(c)

图1－1　应用不同传动形式的机械设备

(a)蜗轮蜗杆螺旋升降器　(b)造纸机械　(c)液压起重机

传动是指机械之间的动力传递，分为机械传动、电力传动和流体传动三大类。

机械传动是通过齿轮、齿条、蜗轮、蜗杆等机件直接把动力传送到执行机构的传动方式。电力传动是利用电力设备，通过调节电参数来传递或控制动力的传动方式。流体传动是以流体为工作介质进行能量的转换、传递和控制的传动方式。

机械传动和电力传动在其他课程中已经做过详细介绍与讲解，下面重点介绍流体传动的相关内容。

- 流体传动
  - 液体传动
    - 液压传动：利用液体静压力作用
    - 液力传动：利用液体动力作用
  - 气体传动
    - 气压传动
    - 气力传动

液压传动是以液体作为传动介质来实现能量传递和控制的一种传动形式。

液压传动过程(工作原理)是利用液压泵将原动机的机械能转换为液体的压力能,通过液体压力能的变化来传递能量,经过各种控制阀和管路的传递与控制,借助于液压执行元件(缸或马达)把液体压力能转换为机械能,从而驱动工作机构实现直线往复运动和回转运动。掌握液压传动的结构、原理、特点、组成、符号及控制方式是进行液压传动系统使用、安装、调试、维修的基础。

液压系统的发展

液压传动相对于机械传动是一门新学科。但相对于计算机等新技术,它又是一门较老的技术。如果从1795年英国制成世界上第一台水压机算起,液压传动已有200多年的历史。只是由于早期没有成熟的液压传动技术和液压元件,而使它没有得到普遍的应用。随着科学技术的不断发展,各行各业对传动技术有了新的需求。特别是在第二次世界大战期间,由于军事上迫切需要反应快、质量轻、功率大的各种武器装备,而液压传动技术适应了这一要求,所以使液压传动技术获得了发展。在20世纪50年代,液压传动技术迅速地转向其他各个部门,并得到了广泛的应用。

目前,液压技术在实现高压、高速、大功率、高效率、低噪声、长寿命、高度集成化、小型化与轻量化、一体化和执行件柔性化等方面取得了很大的进展。同时,由于与微电子技术的密切配合,液压技术能在尽可能小的空间内传递尽可能大的功率并加以准确控制,从而使其在各行各业中发挥出了巨大作用,如图1-2所示。

图1-2 液压系统的应用

任务一　液压千斤顶的使用

一、任务引入

某驾校教练车在学员练习过程中由于路况较差，车胎突然被扎破漏气，需更换备胎，教练现委托学校机电专业学生携带液压千斤顶(图 1－3)前往并协助其更换备胎。

在车用起重工具中，一个小小的液压千斤顶能够顶起上吨重的车身，它是怎么做到的呢?

图 1－3　液压千斤顶

二、相关知识

(一)液压千斤顶结构及工作原理

1. 液压千斤顶的组成

液压千斤顶由图 1－4 所示的 12 部分组成。大油缸 9 和大活塞 8 组成“举升液压缸”，杠杆手柄 1、小油缸 2、小活塞 3、单向阀 4 和 7 组成“手动液压泵”。

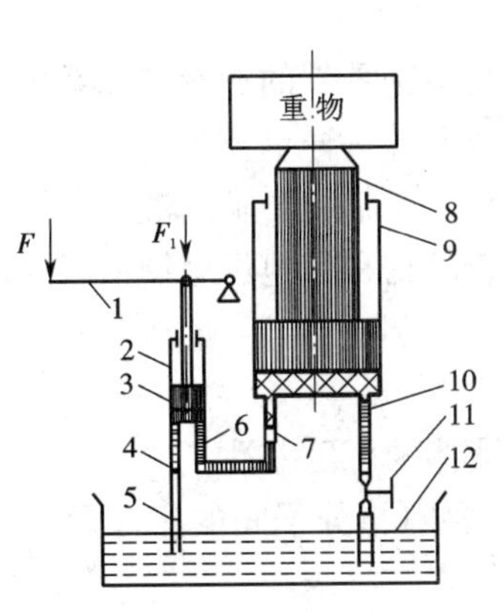

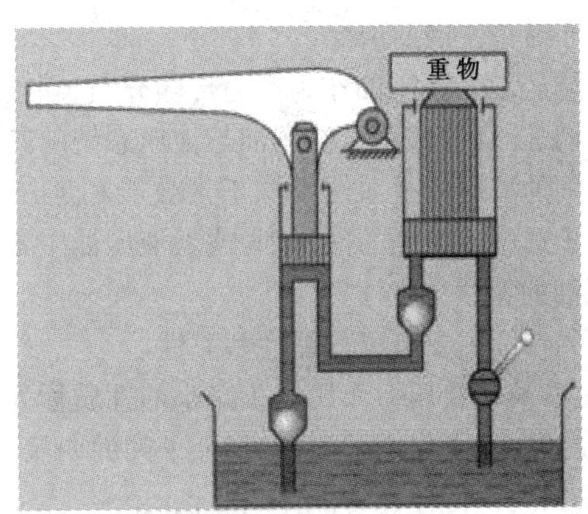

图 1－4　液压千斤顶结构示意

1—杠杆手柄;2—小油缸 3—小活塞;4—单向阀;5—油管;6—油管;
7—单向阀;8—大活塞;9—大油缸;10—油管;11—截止阀;12—油箱

2. 液压千斤顶工作原理

提起杠杆手柄 1 使小活塞 3 向上移动，小活塞下端油腔容积增大，形成局部真空，这时单向阀4打开,通过油管5从油箱12中吸油;当用力压下杠杆手柄时,小活塞下移,小活塞下腔压力升高,单向阀4关闭,单向阀7打开,下腔的油液经油管6输入大油缸9的下腔,迫使大活塞8向上移动,顶起重物。再次提起杠杆手柄吸油时,单向阀7自动关闭,使油液不能倒流,从而保证了重物不会自行下落。不断往复扳动杠杆手柄,就能不断把油液压入大油缸下腔,使重物逐渐升起。如果打开截止阀11,大油缸下腔的油液通过油管10、截止阀11流回油箱,重物就会向下移动。

(二)液压系统组成及各部分的作用

一个完整的液压系统由五部分组成,即动力元件、执行元件、控制元件、辅助元件和液压油。

1. 动力元件

动力元件的作用是将原动机的机械能转换为液体的压力能,指液压系统中的液压泵,它向整个液压系统提供动力。液压泵的结构形式一般有齿轮泵、叶片泵和柱塞泵。

2. 执行元件

执行元件(如液压缸和液压马达)的作用是将液体的压力能转换为机械能,驱动负载作直线往复运动或回转运动。

3. 控制元件

控制元件(即各种液压阀)在液压系统中控制和调节液体的压力、流量和方向。根据控制功能的不同,液压阀可分为压力控制阀、流量控制阀和方向控制阀。压力控制阀又分为溢流阀(安全阀)、减压阀、顺序阀、压力继电器等;流量控制阀包括节流阀、调整阀、分流集流阀等;方向控制阀包括单向阀、液控单向阀、梭阀、换向阀等。根据控制方式不同,液压阀可分为开关式控制阀、定值控制阀和比例控制阀。

4. 辅助元件

辅助元件包括油箱、滤油器、油管及管接头、密封圈、压力表、油位油温计等。

5. 工作介质——液压油

液压系统经常以液压油作为动力传输介质,它也是精密零件的润滑剂和系统冷却剂,同时也起着防锈、防腐等作用。液压油与液压系统的其他元件一样重要。

选择正确的液压油是系统发挥正常效能和延长系统寿命的要求。液压系统中70%的故障都是由于选用不正确的液压油,或者液压油中含有脏物和其他污染物引起的。

1)液压油的特性

液压油的特性主要有可压缩性和黏性。

可压缩性:液体受压力作用体积减小的性质称为液体的可压缩性。

黏性:液体在外力作用下流动时,分子间的内聚力要阻止分子间的相对运动,因而产生一种内摩擦力,这一特性称为液体的黏性。

液压油黏度对温度的变化十分敏感。液压油的黏度随温度变化的性质,称为黏温特性。液压油所受的压力增大时,其分子间的距离减小,内聚力增大,黏度亦随之增大。但对于一般的液压系统,当压力在32 MPa以下时,压力对黏度的影响不大,可以忽略不计。

2)液压系统对液压油的要求

(1)要有适宜的黏度。若黏度过高,运动部件的阻力增大,温升快,从而使泵的自吸能力下降,管道压力损失增加,功率损失增加。若黏度过低,容积损失增加,油膜承载能力减小甚至破坏油膜，致使出现干摩擦，机械损失增加，运动件快速磨损。

(2)要有良好的润滑性。

(3)抗氧化性要好，即油不易被氧化。油被氧化后，酸值增加，增强了腐蚀性。氧化生成的黏稠状物易堵塞滤油器，影响动作的质量，且使效率降低。

(4)剪切安定性好。若油膜受到剪切力，易使聚合型高分子断裂，从而造成黏度永久性下降。

(5)能防锈，且抗腐蚀性能好。

(6)抗乳化性能好。油中的水分经过剧烈搅拌会与油液形成乳化液，使油易产生沉淀物，妨碍冷却器导热，阻碍液体在阀门和管道中的流动，并降低润滑性。

(7)抗泡沫性好。泡沫是油中混有空气所致。油中有泡沫后，会使系统压力不稳，润滑条件恶化，产生振动和噪声。泡沫增加了油和空气的接触面积，会导致油被快速氧化。

(8)油和密封材料要有相容性。若不相容，密封材料或者溶胀或者硬化，都将导致密封失效。

(9)其他要求。如化学稳定性好，可压缩性小，比热和导热率大，热膨胀小，清洁、无毒、无臭，抗燃性好，价格低廉等。为了使液压油能满足上述的单项或多项，要求往液压油中放入各种添加剂，如抗磨剂、抗压剂、油性剂、抗氧化剂、增黏剂、防锈剂、防腐剂、防霉菌剂、降凝剂、抗泡剂等。

3. 液压油的选用

选用液压油时应考虑当地环境温度，环境温度高的地区选用黏度高的液压油，环境温度低的地区选用黏度低的液压油。液压油的品质要适当，过高品质的液压油会增加成本，过低品质的液压油不但缩短了换油周期，而且还缩短了元件和密封件的寿命。

4. 液压油的类型

液压油分为矿油型、乳化型、合成型，各类型液压油的具体名称、代号、特性及用途如表1－1所示。

表1－1　液压油的类型

类型	名称	ISO 代号	特性和用途
矿油型	普通液压油	L-HL	精制矿油加添加剂，提高抗氧化和防锈性能，适用于室内一般设备的中低压系统
	抗磨液压油	L-HM	L-HL 油加添加剂，改善抗磨性能，适用于工程机械、车辆液压系统
	低温液压油	L-HV	L-HM 油加添加剂，改善黏温特性，可用于环境温度在－40～－20 ℃的高压系统
	高黏度指数液压油	L-HR	L-HL 油加添加剂，改善黏温特性，黏度指数达175以上，适用于对黏温特性有特殊要求的低压系统，如数控机床液压系统
	液压导轨油	L-HG	L-HM 油加添加剂，改善黏—滑性能，适用于机床中液压和导轨润滑合用的系统
	全损耗系统用油	L-AN	浅度精制矿油，抗氧化性、抗泡沫性较差，主要用于机械润滑，可作液压代用油，用于要求不高的低压系统
	汽轮机油	L-TSA	深度精制矿油加添加剂，改善抗氧化、抗泡沫等性能，为汽轮机专用油，可作液压代用油，用于一般液压系统

续表

类型	名称	ISO 代号	特性和用途
乳化型	水包油乳化液	L-HFA	又称高水基液，特点是难燃、黏温特性好，有一定的防锈能力，润滑性差，易泄漏，适用于有抗燃要求、油液用量大的系统
	油包水乳化液	L-HFB	既具有矿油型液压油的抗磨、防锈性能，又具有抗燃性，适用于有抗燃要求的中压系统
合成型	水—乙二醇液	L-HFC	难燃，黏温特性和抗蚀性好，能在 -60～30 ℃温度下使用，适用于有抗燃要求的中低压系统
	磷酸酯液	L-HFDR	难燃，润滑抗磨性能和抗氧化性能良好，能在 -54～135 ℃温度范围内使用，缺点是有毒，适用于有抗燃要求的高压精密液压系统

Ⅰ. 判断题

1. 液压泵将机械能转换成压力能，为系统提供动力；液压缸将压力能转换成机械能，输出旋转运动。 (　　)
2. 液压传动中，作用在活塞上的推力越大，活塞运动的速度越快。 (　　)
3. 液压油能随意混用。 (　　)
4. 流动的液体才有黏性。 (　　)
5. 液压油的黏度对温度变化很敏感，温度升高，黏度也将升高。 (　　)

Ⅱ. 分析题

1. 在如图 1 所示机床工作台液压系统中，属于动力元件的有____________，属于执行元件的有____________，属于控制元件的有____________，属于辅助元件的有____________。

2. 根据图 1 试着分析机床工作台液压系统的工作原理。

____

____

____

____

____

____

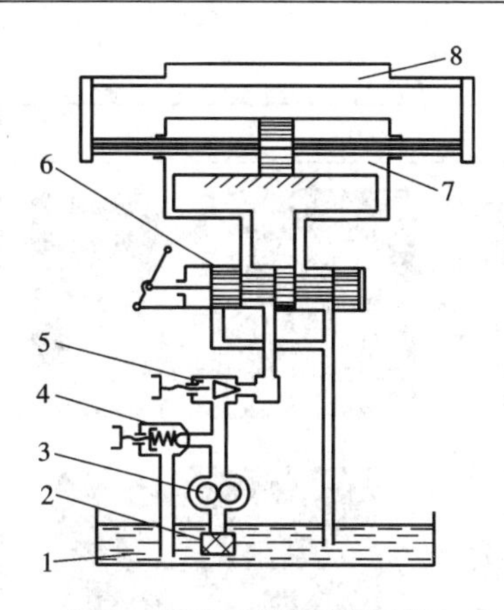

图1　机床工作台液压系统

1—油箱;2—滤油器;3—液压泵;4—溢流阀;5—节流阀;6—换向阀;7—液压缸;8—工作台

三、任务实施

1. 认识液压千斤顶

从图1－5所示铭牌中可以看出,该液压千斤顶的承载能力为10 t,本体高度为100 mm,起升行程为125 mm,满足任务要求。

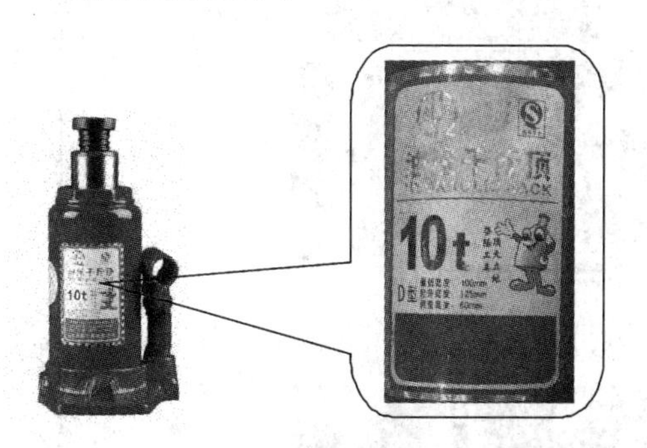

图1－5　液压千斤顶及其规格型号

2. 用液压千斤顶更换备胎的操作步骤

根据表1－2所述内容用液压千斤顶更换备胎。

表1－2　用液压千斤顶更换备胎的操作步骤

步骤	操作图示	操作内容说明
1		将千斤顶放置在待支撑设备(车架)下方

续表

步骤	操作图示	操作内容说明
2		关闭放油阀(放油阀顺时针旋转90°)
3		反复提压杠杆,使支撑活塞上升,直至待支撑设备(汽车底盘)被顶起
4		待支撑设备(汽车底盘)被顶起后,更换新轮胎并上紧螺栓
5		打开放油阀(放油阀逆时针旋转90°),将液压千斤顶复位

3. 操作过程注意事项

(1)使用前先检查液压千斤顶表面是否完好,且不存在漏油现象,千斤顶内液压油充足,高压胶管及接头完好,否则禁止使用。

(2)开启、关闭千斤顶使用专用的千斤顶钥匙杆,不能用敲击的办法进行操作。

(3)作业时,应用钥匙杆或相当的杆件进行,不能用撬棍等长杆代替。

(4)进行过盈配合件的拆卸时,应选用适当的压杆,防止压杆不稳崩出伤人,配合部件要有可靠的绑扎,防止压出后零件突然落下伤人。

(5)使用千斤顶顶起重物维修时,在重物下部选择合适的支撑点放置垫块,以防千斤顶意外泄压,重物坠落伤人。

(6)不要让身体的任何部位处在负载的下方,进入负载下方之前,负载必须位于稳定的支架上。

(7)正确施加压力,尽量远离带压力的胶管及接头,以防压力油喷出伤人。

(8)对作业对象要有正确的估计,以选用合适的千斤顶。

(9)让液压装置远离明火及 65 ℃以上的地方。

四、拓展知识——液压冲击和空穴现象

1. 液压冲击

所谓液压冲击,就是机器在突然启动、停机、变速或换向时,由于流动液体和运动部件惯性的作用,使系统内瞬时出现很大的压力。液压冲击不仅影响液压系统的性能稳定性和工作可靠性,还会引发振动、噪声以及连接件松动等现象,甚至使管路破裂,液压元件和测量仪表损坏。压力冲击产生的压力可能使某些液压元件(如压力继电器)产生误动作,而损坏设备,在高压、大流量的系统中其后果更严重。因此,预防液压冲击是非常重要的。

减小液压冲击的主要措施有以下几点。

(1)延长阀门关闭和运动部件换向、制动时间。当阀门关闭和运动部件换向、制动时间大于 0.3 s 时,液压冲击就大大减小。为控制液压冲击可采用换向时间可调的换向阀。

(2)限制管道内液体的流速和运动部件的速度。对于机床液压系统,常将管道内液体的流速限制在 5.0 m/s 以下,运动部件的速度一般小于 10 m/min 等。

(3)适当加大管道内径或采用橡胶软管。这样可减小压力冲击波在管道中的传播速度,同时加大管道内径也可降低液体的流速,相应瞬时压力峰值也会减小。

(4)在液压冲击源附近设置蓄能器。设置蓄能器可使压力冲击波往复一次的时间短于阀门关闭时间,而减小液压冲击。

2. 空穴现象

在液压系统中,如果某处压力低于油液工作温度下的空气分离压,油液中的空气就会分离出来而形成大量气泡;当压力进一步降低到油液工作温度下的饱和蒸气压力时,油液会迅速汽化而产生大量气泡,这些气泡混杂在油液中产生空穴,使原来充满管道或液压元件的油液成为不连续状态,这种现象称为空穴现象。

空穴现象一般发生在阀口和液压泵的进油口处。油液流过阀口的狭窄通道时,液流速度增大,压力大幅度下降,就可能出现空穴现象。液压泵的安装高度过高,吸油管道内径过小,吸油阻力太大,或者液压泵转速过高、吸油不充足等,均可能产生空穴现象。

液压系统中出现空穴现象后,气泡随油液流到高压区时,在高压作用下气泡会迅速破裂,周围液体质点高速填补这一空穴,液体质点间高速碰撞而形成局部液压冲击,使局部的压力和温度急剧升高,产生强烈的振动和噪声。

在气泡凝聚处附近的管壁和元件表面,因长期承受液压冲击、高温作用以及油液中逸出气体的较强腐蚀作用,使管壁和元件表面金属颗粒剥落。这种因空穴现象而产生的表面腐蚀称为气蚀。为了防止产生空穴现象和气蚀,一般可采取下列措施。

(1)减小流经小孔和间隙处的压力比,一般希望小孔和间隙前后的压力比 $p_1/p_2<3.5$。

(2)正确确定液压泵吸油管内径,对管内液体的流速加以限制;降低液压泵的吸油高度,尽量减小吸油管路中的压力损失,管接头良好密封;对于高压泵可采用辅助泵供油。

(3)整个液压系统管路应尽可能直,避免急弯和局部窄缝等。

(4)提高元件抗气蚀能力。

五、学习小结

____

____

____

____

____

____

____

任务二　液压泵的拆装与维护

一、任务引入

某工厂加工车间主要加工生产冲压零件(图 1-6),这些零件都是由液压冲床(图 1-7)加工生产的,但是在生产过程中冲床的液压泵噪声较大,如何解决这个问题呢?

作为设备检修人员,需要将其拆开并对其进行适当保养。

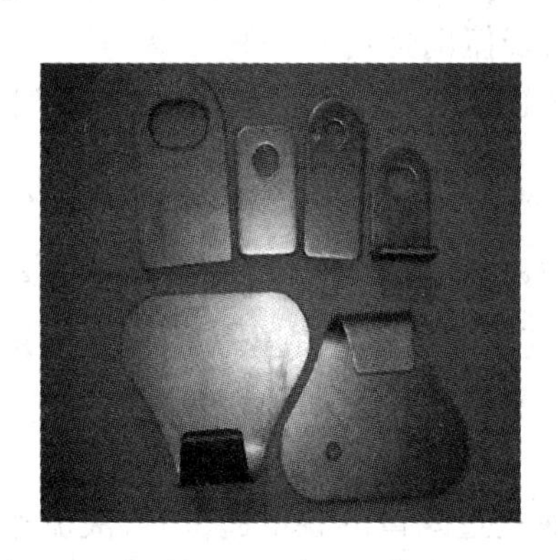

图 1-6　冲压零件

图 1-7　液压冲床

二、相关知识

液压泵是液压传动系统中的能量转换装置,它由原动机(电动机)驱动,把输入的机械能转换成油液的压力能再输入到系统中去,以提供动力。

(一)液压泵的工作原理

液压泵都是依靠密封容积变化的原理来进行工作的,故一般称为容积式液压泵。图 1-8 所示是一单柱塞液压泵的工作原理图,图中柱塞 2 装在缸体 3 中形成一个密封工作腔 a,柱塞在弹簧 4 的作用下始终压紧在偏心轮 1 上。原动机驱动偏心轮 1 旋转从而使柱塞 2 作往复运动,使 a 的容积大小发生周期性的交替变化。当 a 的容积由小变大时就形成部分真空,使油箱中油液在大气压作用下,经吸油管顶开单向阀 6 进入油箱而实现吸油;反之,当

a 的容积由大变小时，a 中吸满的油液将顶开单向阀 5 并流入系统而实现压油。这样液压泵就将原动机输入的机械能转换成液体的压力能，原动机驱动偏心轮不断旋转，液压泵就不断地吸油和压油。

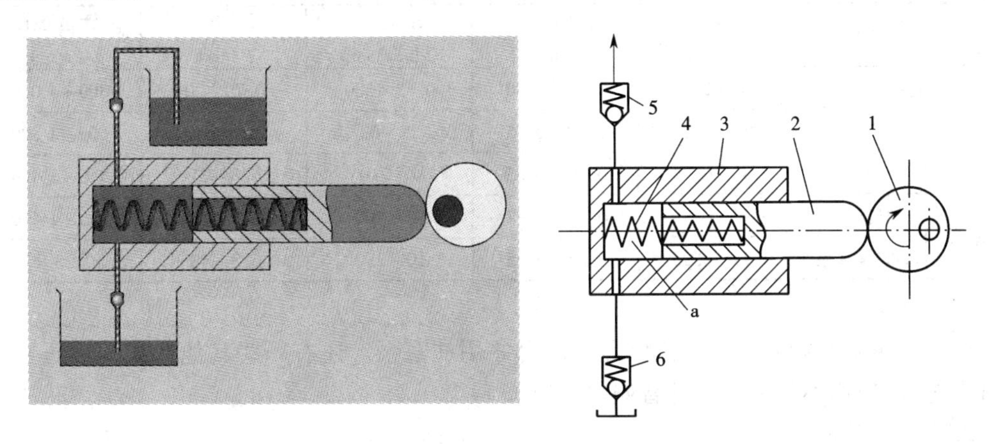

图 1－8　液压泵的工作原理图

1—偏心轮；2—柱塞；3—缸体；4—弹簧；5、6—单向阀；a—密封工作腔

(二)常用液压泵的分类和图形符号

1. 液压泵的分类

按流量是否可调节可分为变量泵和定量泵。输出流量可以根据需要来调节的称为变量泵，流量不能调节的称为定量泵。

按液压系统中常用的泵结构可分为齿轮泵、叶片泵和柱塞泵三种(图 1－9)，其具体特点如下。

(a)　(b)　(c)

图 1－9　常见的液压泵

(a)齿轮泵　(b)叶片泵　(c)柱塞泵

齿轮泵体积较小，结构较简单，对油的清洁度要求不高，价格较低；但泵轴受不平衡力磨损严重，泄漏较大。

叶片泵分为双作用叶片泵和单作用叶片泵。这种泵流量均匀，运转平稳，噪声小，工作压力和容积效率比齿轮泵高，结构比齿轮泵复杂。

柱塞泵容积效率高，泄漏小，可在高压下工作，大多用于大功率液压系统；但结构复杂，材料和加工精度要求高，价格贵，对油的清洁度要求高。

以上三种液压泵的技术性能见表1－3。

表1－3　各类液压泵的技术性能

类型 \ 项目		容积效率 η_v	总效率 η	输出流量 Q/(L/min)	工作压力 P/MPa	转速范围 n/(r/min)
齿轮泵		0.85～0.90	0.60～0.80	0.75～500	0.70～20	300～4 000
叶片泵	单作用式	0.80～0.90	0.70～0.85	25～63	2.5～6.3	600～1 800
	双作用式	0.80～0.94	0.70～0.85	4～210	6.3～21	960～1 450
柱塞泵	径向柱塞泵	0.90～0.95	0.75～0.92	50～400	7.5～40	960～1 450
	轴向柱塞泵	0.95～0.98	0.85～0.95	10～250	6.3～40	10～3 000

一般在齿轮泵和叶片泵不能满足要求时才用柱塞泵。还有一些其他形式的液压泵，如螺杆泵等，但应用不如上述三种普遍。

2. 液压泵的图形符号

液压泵的图形符号按泵的输出流量能否调节分为定量泵及变量泵，如图1－10所示。

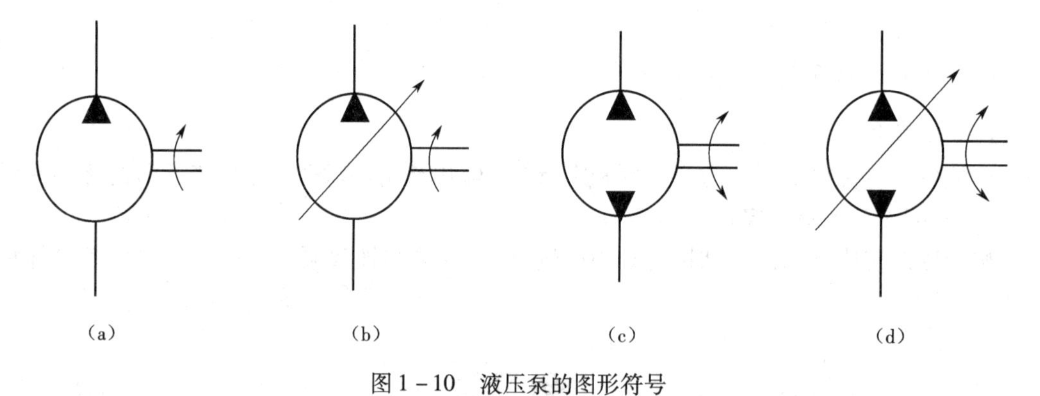

图1－10　液压泵的图形符号

(a)单向定量液压泵　(b)单向变量液压泵　(c)双向定量液压泵　(d)双向变量液压泵

（三）液压泵的性能参数

1. 工作压力和额定压力

液压泵的工作压力 p 是指泵实际工作时输出的压力，也就是液压泵在工作时输出油液的压力。它的大小取决于执行元件的载荷，当载荷增加时，液压泵的压力升高；当载荷下降时，液压泵的压力下降，而与液压泵的流量无关。

泵的铭牌上标出的额定压力 p_n 是根据其强度、寿命、效率等使用条件而规定的正常工作的压力上限，超过此值就是过载。

2. 排量和流量

液压泵的排量 v 是指泵在无泄漏情况下运转一周，由泵体密封油腔几何尺寸变化所算得的排出液体的体积，其大小与泵的几何尺寸有关。排量的单位是mL/r。

泵的铭牌上标出的额定流量 q 是在额定压力下所能输出的实际流量。考虑液压泵泄漏损失时，液压泵在单位时间内实际输出的液体体积叫实际流量。

3. 效率

液压泵在能量转换过程中存在功率损失，分为容积损失和机械损失两部分。

容积损失是因泵的内泄漏造成的流量损失。随着泵的工作压力增大，内泄漏增大，实际输出流量 q 比理论流量 q_t 减少。泵的容积损失可用容积效率 η_v 表示，即

$$\eta_v=\frac{q}{q_t}$$

各种液压泵产品都在铭牌上注明了额定工作压力下容积效率 η_v 的值。

液压泵在工作中，由于泵内的轴承等运动零件之间的机械摩擦，泵内转子和周围液体的摩擦以及泵从进口到出口间的流动阻力等产生的功率损失，都称为机械损失。机械损失导致泵的实际输入转矩 T_i 总是大于理论上所需要的转矩 T_t，两者之比称为机械效率，以 η_m 表示，即

$$\eta_m=\frac{T_t}{T_i}$$

液压泵的总效率等于容积效率与机械效率的乘积，即

$$\eta=\eta_v\eta_m$$

4. 液压泵驱动电动机的功率

液压泵由电动机输入机械能，而输出的是液体的压力能（压力和流量）。液压泵在工作过程中的实际输出功率 P（单位为 W）等于液体压力 p 和输出流量 q 的乘积，即

$$P=p\cdot q$$

（四）液压泵工作原理

1. 齿轮泵

齿轮泵是液压系统常用的液压泵，按其结构形式可分为内啮合和外啮合两种。

1）齿轮泵的结构

CB－B 型齿轮泵结构如图 1－11 所示，它是单向定量液压泵。其主要结构由从动轴、滚针轴承、前后泵盖、齿轮、泵体、主动轴等组成。泵体、端盖和齿轮的各个齿间槽组成了许多密封工作腔。两齿轮啮合处的接触面则将泵进、出油口处的密封腔分为两部分，即吸油腔和压油腔；两齿轮分别用键固定在滚针轴承支撑的主动轴和从动轴上，主动轴由电动机带动旋转；泵的前后盖和泵体用两个定位销定位，用 6 个螺栓固紧；在齿轮端面和泵盖之间有适当的轴向间隙，小流量泵的间隙为 0.025～0.04 mm，大流量泵则为 0.04～0.06 mm，以使齿轮转动灵活，又保证油的泄漏最小。齿轮的齿顶与泵体内表面间的间隙（径向间隙）一般为 0.13～0.16 mm，由于齿顶油液泄漏的方向与齿顶的运动方向相反，故径向间隙稍大一些。在泵体的两端面开有斜槽，其作用是将渗入泵体、泵盖间的压力油引入吸油腔。在泵盖和从动轴上设有小孔，其作用是润滑轴承，并将由轴承端部泄漏的油引入吸油腔。

2）齿轮泵的工作原理

外啮合齿轮泵的工作原理如图 1－12 所示。当泵的主动齿轮按图示箭头方向旋转时，齿轮泵左侧（吸油腔）齿轮脱开啮合，齿轮的轮齿退出齿间，使密封容积增大，形成局部真空，油箱中的油液在外界大气压的作用下，经吸油管路、吸油腔进入齿间。随着齿轮的旋转，吸入齿间的油液被带到另一侧，进入压油腔。这时轮齿进入啮合，使密封容积逐渐减小，齿

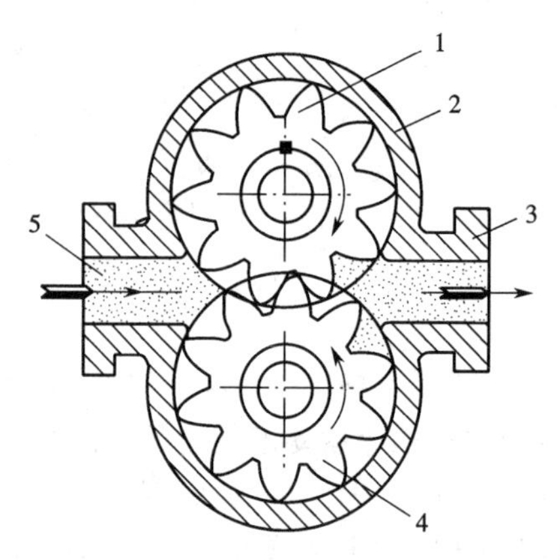

图 1－11　齿轮泵结构图

1—主动轮;2—泵体;3—出油口;4—从动轮;5—进油口

轮间部分的油液被挤出,形成了齿轮泵的压油过程。齿轮啮合时,齿向接触线把吸油腔和压油腔分开,起配油作用。当齿轮泵的主动齿轮由电动机带动不断旋转时,轮齿脱开啮合的一侧由于密封容积变大则不断从油箱中吸油,轮齿进入啮合的一侧由于密封容积减小则不断排油,这就是齿轮泵的工作原理。

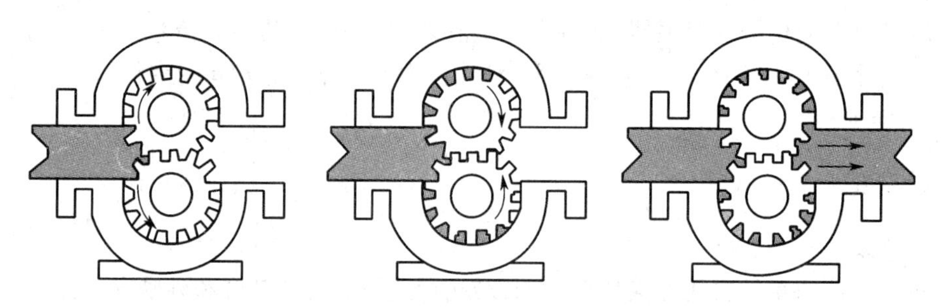

图 1－12　外啮合齿轮泵的工作原理图

3)齿轮泵存在的问题

A. 困油现象

齿轮泵要能连续地供油,就要求齿轮啮合的重叠系数 $\varepsilon>1$,也就是当一对齿轮尚未脱开啮合时,另一对齿轮已进入啮合,这样就出现同时有两对齿轮啮合的瞬间,在两对齿轮的齿向啮合线之间形成了一个封闭容积,一部分油液也就被困在这一封闭容积中,如图 1－13(a)所示。齿轮连续旋转时,这一封闭容积便逐渐减小,到两啮合点处于节点两侧的对称位置时,封闭容积为最小,如图 1－13(b)所示。齿轮再继续转动时,封闭容积又逐渐增大,直到如图 1－13(c)所示位置时,容积又变为最大。在封闭容积减小时,被困油液受到挤压,压力急剧上升,使轴承上突然受到很大的冲击载荷,使泵剧烈振动,这时高压油从一切可能泄漏的缝隙中挤出,造成功率损失,使油液发热。当封闭容积增大时,由于没有油液补充,因此形成局部真空,使原来溶解于油液中的空气分离出来,形成了气泡,就会引起噪声、振动、气蚀等一系列不良现象。这就是齿轮泵的困油现象。

消除困油的方法通常是在两侧盖板上开卸荷槽,如图 1－13(d)中的虚线所示,使密封容积减小时,通过左边的卸荷槽与压油腔相通;密封容积增大时,通过右边的卸荷槽与吸油腔相通。

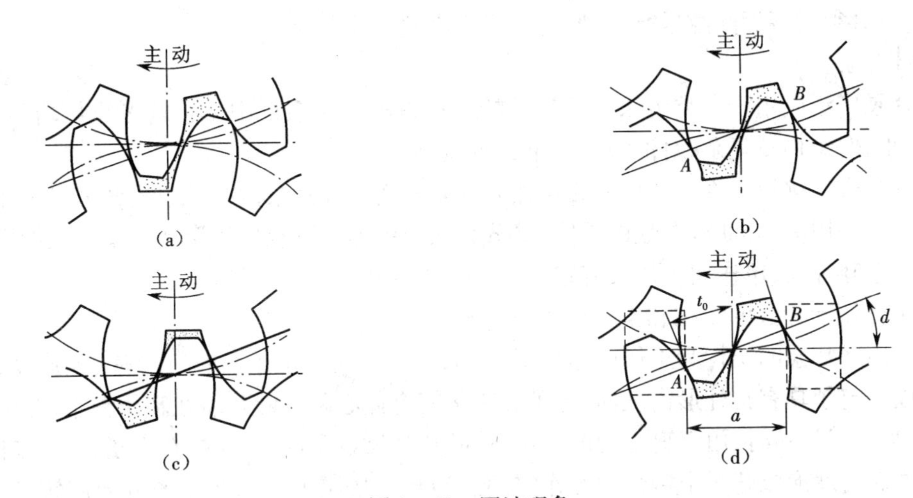

图 1 – 13　困油现象

(a)啮合状态 1　(b)啮合状态 2　(c)啮合状态 3　(d)开困油卸荷槽消除困油现象

B. 径向不平衡力

在齿轮泵中,油液作用在齿轮外缘的压力是不均匀的,从吸油腔到压油腔,压力沿齿轮旋转的方向逐齿递增,因此齿轮和传动轴受到径向不平衡力的作用,工作压力越高,径向不平衡力越大,径向不平衡力很大时,能使泵轴弯曲,导致齿顶压向定子的低压端,使定子偏磨,同时也加速轴承的磨损,降低轴承使用寿命,如图 1 – 14 所示。

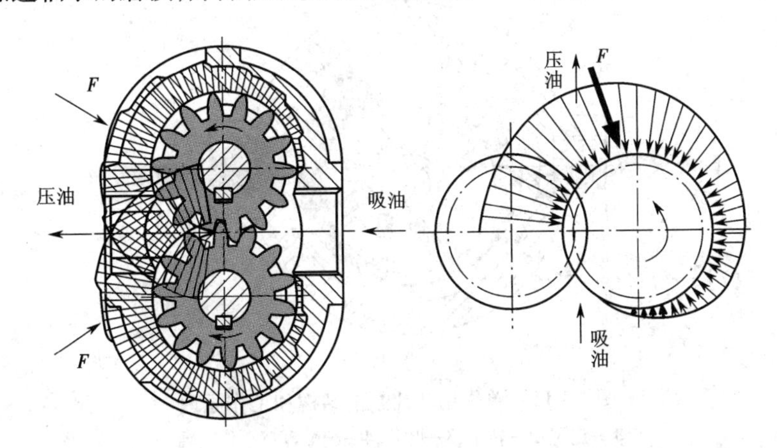

图 1 – 14　径向不平衡力分析

为了减小径向不平衡力的影响,常采取缩小压油口的办法,使压油腔的压力仅作用在一个齿到两个齿的范围内,同时适当增大径向间隙,使齿顶不与定子内表面产生金属接触,并在支撑上多采用滚针轴承或滑动轴承。

C. 内泄漏较严重

外啮合齿轮泵的主要缺点之一是泄漏量较大,只适用于低压,在高压下容积效率太低。在齿轮泵内部,压油腔中的液压油可通过三条途径泄漏到吸油腔中:一是齿轮啮合处的间隙,称为啮合泄漏;二是径向间隙,称为齿顶泄漏;三是端面间隙,称为端面泄漏。其中,通过端面间隙的端面泄漏量最大,占总泄漏量的 75% ~80%。因此,要提高齿轮泵的压力和容积效率，就必须对端面间隙进行自动补偿，以减小端面泄漏量。

2. 叶片泵

叶片泵广泛应用于各类机床、工程机械等中、高压液压系统中。它输出流量均匀、振动小、噪声小，但结构较复杂，对油液的污染比较敏感。

叶片泵根据排量是否可变可分为定量叶片泵和变量叶片泵两类。根据各密封工作容积在转子旋转一周吸、排油液次数的不同，又分为双作用叶片泵和单作用叶片泵。双作用叶片泵均为定量叶片泵，单作用叶片泵有定量和变量之分。

1）单作用叶片泵的结构和工作原理

单作用叶片泵的结构和工作原理如图 1－15 所示，它由定子、转子、叶片、配油盘、传动轴等组成。定子具有圆柱形内表面，定子和转子间有偏心距。叶片装在转子槽中，并可在槽内滑动，当转子旋转时，由于离心力的作用，使叶片紧靠定子内壁，这样在定子、转子、叶片和两侧配油盘间就形成若干个密封的工作空间。当转子按图 1－15 所示的方向旋转时，在图的右部，叶片逐渐伸出，叶片间的工作空间逐渐增大，从吸油口吸油，这是吸油腔；在图的左部，叶片被定子内壁逐渐压进槽内，工作空间逐渐缩小，将油液从压油口压出，这是压油腔。在吸油腔和压油腔之间，有一段封油区，把吸油腔和压油腔隔开，这种叶片泵在转子每转一周时，每个工作空间完成一次吸油和压油，因此称为单作用叶片泵。转子不停地旋转，泵就不断地吸油和压油。

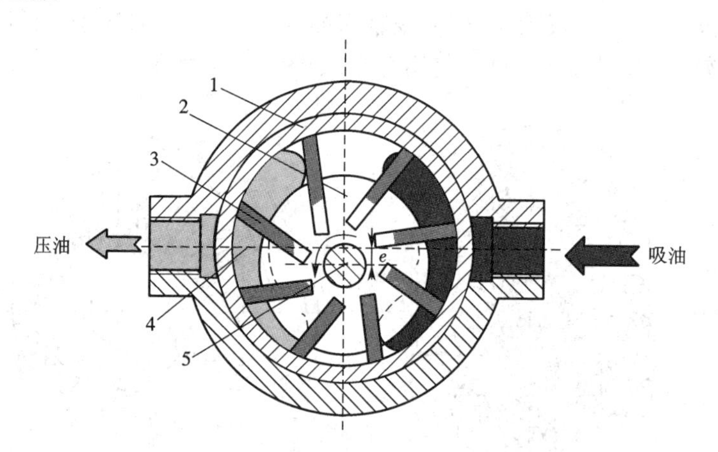

图 1－15　单作用叶片泵的结构和工作原理

1—定子；2—转子；3—叶片；4—配油盘；5—传动轴

2）双作用叶片泵的结构和工作原理

双作用叶片泵的结构和工作原理如图 1－16 所示，它也是由定子、转子、叶片、轴、配油盘等组成。转子和定子中心重合，定子内表面近似为椭圆形，由两段长半径 R 的大圆弧、两段短半径 r 的小圆弧和四段过渡曲线组成。当转子转动时，叶片在离心力和（建压后）根部压力油的作用下，在转子槽内作径向移动而压向定子内表面，由叶片、定子的内表面、转子的外表面和两侧配油盘间形成若干个密封空间。当转子按图 1－16 所示方向旋转时，处在小圆弧上的密封空间经过渡曲线而运动到大圆弧的过程中，叶片外伸，密封空间的容积增大，要吸入油液；再从大圆弧经过渡曲线运动到小圆弧的过程中，叶片被定子内壁逐渐压进槽内，密封空间容积变小，将油液从压油口压出。因而，转子每转一周，每个工作空间要完成两次吸油和压油，所以称之为双作用叶片泵。这种叶片泵由于有两个吸油腔和两个压油腔，并且各自的中心夹角是对称的，所以作用在转子上的油液压力相互平衡。因此，双作用叶片泵又称为卸荷式叶片泵，为了使径向力完全平衡，密封空间数（即叶片数）应当是双数。双作用叶片泵的油液流动路线：吸油口→左泵体内腔→左配油盘两个吸油窗口→两个密封容积增大区域→右配油盘两个压油窗口→右泵体内腔→压油口。

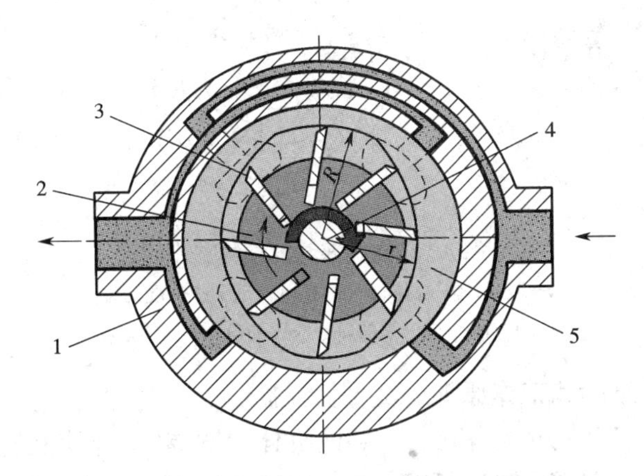

图 1－16　双作用叶片泵的结构工作原理

1—定子；2—转子；3—叶片；4—轴；5—配油盘

3. 柱塞泵

柱塞泵是靠柱塞在缸体中作往复运动造成密封容积的变化来实现吸油与压油的液压泵。与齿轮泵和叶片泵相比，柱塞泵有以下优点。

（1）构成密封工作腔的零件为圆柱形的柱塞和缸孔，加工方便，可得到较高的配合精度，密封性能好，高压工作仍有较高的容积效率。

（2）只需改变柱塞的工作行程就能改变流量，易于实现变流量。

（3）柱塞泵中的主要零件均受压应力作用，材料强度性能可得到充分利用。

由于柱塞泵压力高，结构紧凑，效率高，流量调节方便，故在需要高压、大流量、大功率的系统中和流量需要调节的场合，如龙门刨床、拉床、液压机、工程机械、矿山冶金机械、船舶上得到广泛的应用。柱塞泵按柱塞的排列和运动方向不同，可分为径向柱塞泵和轴向柱塞泵两大类。

1）径向柱塞泵的结构和工作原理

径向柱塞泵的结构和工作原理如图 1－17 所示，柱塞 1 径向排列装在缸体 2 中，缸体由原动机带动连同柱塞 1 一起旋转，所以缸体 2 一般称为转子，柱塞 1 在离心力（或低压油）作用下抵紧定子 4 的内壁，当转子按图 1－17 所示方向旋转时，由于定子和转子之间有偏心距 e，柱塞绕经上半周时向外伸出，柱塞底部的容积逐渐增大，形成部分真空，因此便经过衬套 3（衬套 3 压紧在转子内，并和转子一起旋转）上的油孔从配油轴 5 和吸油口 b 吸油；当柱塞转到下半周时，定子内壁将柱塞向里推，柱塞底部的容积逐渐减小，向配油轴的压油口 c 压油，当转子回转一周时，每个柱塞底部的密封容积完成一次吸压油，转子连续运转，即完成压吸油工作。配油轴固定不动，油液从配油轴上半部的两个油孔 a 流入，从下半部两个油孔 d 压出，为了进行配油，配油轴在和衬套 3 接触的一段加工出上下两个缺口，形成吸油口 b 和压油口 c，留下的部分形成封油区。封油区的宽度应能封住衬套上的吸、压油孔，以防吸油口和压油口相连通，但尺寸也不能大得太多，以免产生困油现象。

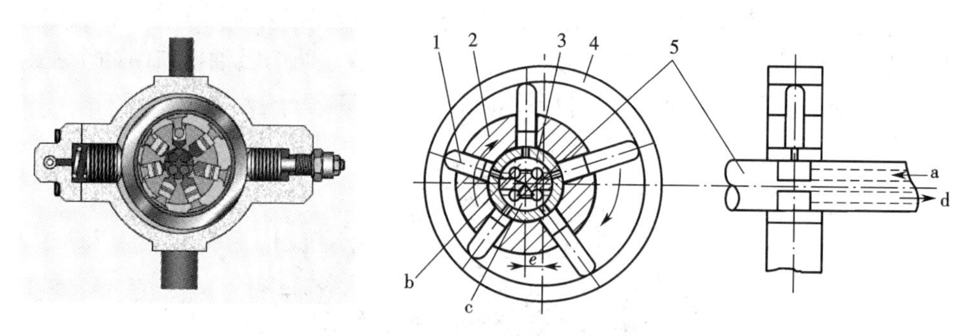

图 1－17　径向柱塞泵的结构工作原理

1—柱塞；2—缸体；3—衬套；4—定子；5—配油轴

a—油孔；b—吸油口；c—压油口；d—油孔

2）轴向柱塞泵的结构和工作原理

轴向柱塞泵是将多个柱塞配置在一个共同缸体的圆周上，并使柱塞中心线和缸体中心线平行的一种泵。轴向柱塞泵有两种形式，即直轴式（斜盘式）和斜轴式（摆缸式）。图 1－18 所示为直轴式轴向柱塞泵的工作原理，这种泵主体由缸体、配油盘、柱塞和斜盘组成。柱塞沿圆周均匀分布在缸体内。斜盘轴线与缸体轴线倾斜一角度，柱塞靠机械装置或在低压油作用下压紧在斜盘上（图中为弹簧），配油盘和斜盘固定不转，当原动机通过传动轴使缸体转动时，由于斜盘的作用，迫使柱塞在缸体内作往复运动，并通过配油盘的配油窗口进行吸油和压油。如按图 1－18 中所示旋转方向，当缸体转角在 180°～360°范围内，柱塞向外伸出，柱塞底部缸孔的密封工作容积增大，通过配油盘的吸油窗口吸油；在 0～180°范围内，柱塞被斜盘推入缸体，使缸孔容积减小，通过配油盘的压油窗口压油。缸体每转一周，每个柱塞各完成吸、压油一次，如改变斜盘倾角 γ，就能改变柱塞行程的长度，即改变液压泵的排量，改变斜盘倾角方向，就能改变吸油和压油的方向，即成为双向变量泵。

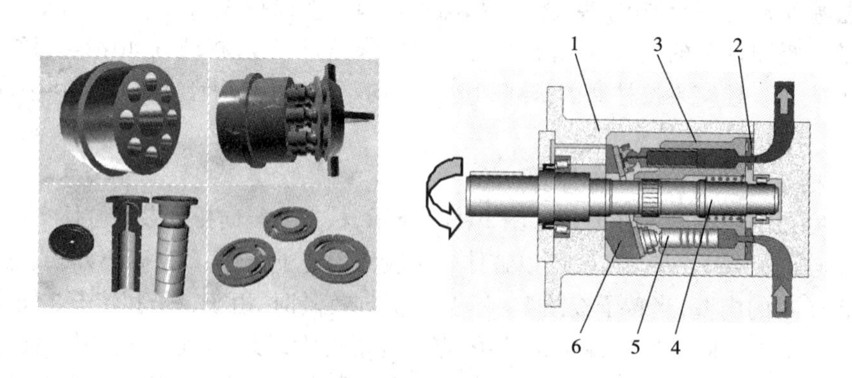

图 1－18　直轴式轴向柱塞泵的工作原理

1—缸体；2—配油盘；3—泵体；4—传动轴；5—滑块；6—斜盘

配油盘上吸油窗口和压油窗口之间的密封区宽度应稍大于柱塞缸体底部通油孔宽度，但不能相差太大，否则会发生困油现象。一般在两配油窗口的两端部开有小三角槽，以减小冲击和噪声。

斜轴式轴向柱塞泵的缸体轴线相对传动轴轴线成一倾角，传动轴端部用万向铰链、连杆与缸体中的每个柱塞相连接，当传动轴转动时，通过万向铰链、连杆使柱塞和缸体一起转动，并迫使柱塞在缸体中作往复运动，借助配油盘进行吸油和压油。这类泵的优点是变量范围大，泵的强度较高，但和上述直轴式相比，其结构较复杂，外形尺寸和质量均较大。

轴向柱塞泵的优点是结构紧凑、径向尺寸小、惯性小、容积效率高，目前最高压力可达40.0 MPa，甚至更高，一般用于工程机械、压力机等高压系统中，但其轴向尺寸较大，轴向作用力也较大，结构比较复杂。

Ⅰ. 填空题

1. 液压泵是一种能量转换装置，它将____能转换为液体的____能，是液压传动系统中的____元件。

2. 液压泵单位时间内排出油液的体积称为泵的流量。泵在额定转速和额定压力下的输出流量称为（　　）；在没有泄漏的情况下，根据泵的几何尺寸计算而得到的流量称为（　　），它等于排量和转速的乘积。

A. 实际流量　　B. 理论流量　　C. 额定流量

3. 齿轮泵按照啮合形式可分为________式和________式两种。

4. 液压泵按结构的不同可分为____式、______式和 ______式三种；按单位时间内输出油液体积能否调节可分为____式和____式两种。

5. 柱塞泵按柱塞排列方向不同分为__________和__________两类。

Ⅱ. 选择题

1. 双作用式叶片泵的转子每转一转，吸油、压油各（　　）次。

A. 1　　B. 2　　C. 3　　D. 4

2. 斜盘式轴向柱塞泵改变流量是靠（　　）改变。

A. 转速　　B. 油缸体摆角　　C. 浮动环偏心距　　D. 斜盘倾角

3. 液压泵的理论流量（　　）实际流量。

A. 大于　　B. 小于　　C. 等于

4. 解决齿轮泵困油现象的最常用方法是（　　）。

A. 减小转速　　B. 开卸荷槽　　C. 加大吸油口　　D. 降低气体温度

5. 下列图形中，（　　）是单向变量泵的图形符号。

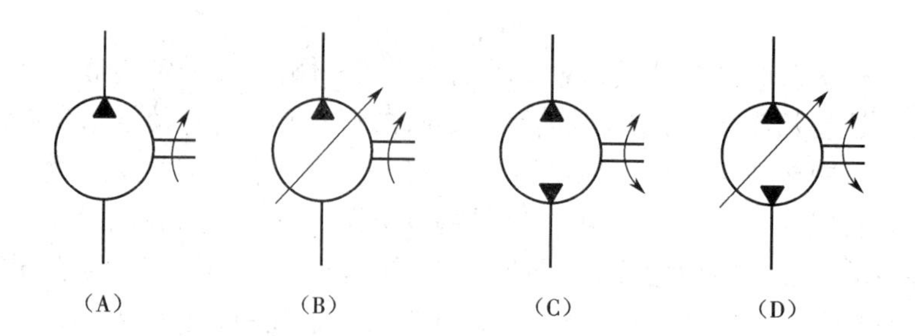

三、任务实施

1. 认识齿轮油泵

齿轮油泵外观如图1－19所示。

图1－19　齿轮油泵外观

2. 拆齿轮油泵

按表1－4所述步骤拆齿轮油泵。

表1－4　齿轮油泵拆卸步骤

步骤	操作图示	操作内容说明
1		松开并卸下泵盖及轴承压盖上全部连接螺栓
2		卸下定位销、泵盖、轴承等，从泵壳内取出传动轴及被动齿轮轴套

续表

步骤	操作图示	操作内容说明
3		从泵壳内取出主动齿轮轴
4		从泵壳内取出从动齿轮轴
5		取下高压泵的压力反馈侧板及密封圈
6	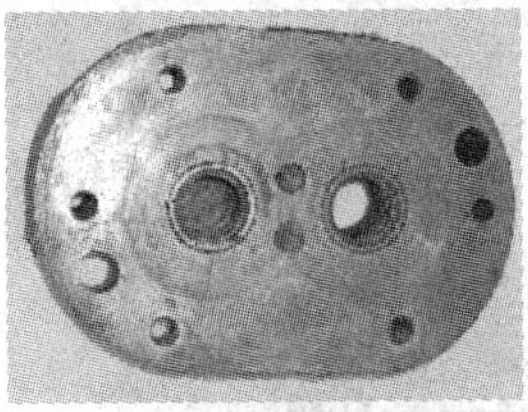	检查轴头骨架油封，如其阻油唇边良好能继续使用，则不必取出；如阻油唇边损坏，则取出更换

3. 观察、分析主要零件的结构及作用

(1)观察泵体两端面上的卸油槽的形状和位置，并分析其作用。

(2)观察进出油口的位置和尺寸。

(3)观察前、后泵盖上的两个矩形卸荷槽的形状和位置，并分析其作用。

4. 齿轮油泵的简单维护

齿轮油泵使用较长时间后，齿轮的相对运动面会产生磨损和拉伤。端面的磨损会导致轴向间隙增大，齿顶圆的直径导致径向间隙增大，齿形的磨损引起噪声增大。磨损拉伤不严重时，可稍加打磨抛光再用；若磨损拉伤严重时，则需根据情况修理或更换相关元件。

1）齿形修理

用砂布或油石去除拉伤或磨成多棱形的毛刺，不可倒角。

2）齿轮端面修理

轻微磨损，可将两齿轮同时放在0号砂布上，然后再放在金相砂纸上打磨抛光。磨损拉伤严重时，可将两齿轮同时放在平磨床上磨去少许，再用金相砂纸抛光，此时泵体也应磨去同样尺寸。两齿轮厚度差应在0.005 mm以内，齿轮端面与孔的垂直度和两齿轮轴线的平行度都应控制在0.005 mm以内。

3）泵体修复

泵体的磨损主要是内腔与齿轮顶圆接触面，且多发生在吸油侧。对于轻度磨损，用细砂布修掉毛刺可继续使用。

4）侧板或端盖修复

侧板或前后端盖的磨损主要是装配后与齿轮的接触面磨损与拉伤，如磨损和拉伤不严重，可打磨端面修复；如磨损拉伤严重，可在平面磨床上磨去端面上的沟痕。

5）泵轴修复

泵轴的失效形式主要是与滚针轴承相接处容易磨损，甚至折断，如果磨损轻微，可抛光修复（并更换新的滚针轴承）。

6）零件清洗

将拆下来的零件用煤油或柴油清洗，图1－20所示为清洗后的待装配的齿轮油泵。

图1－20　清洗后的待装配的齿轮油泵

5. 装配步骤

（1）主动轴轴头盖板上的骨架油封若需要时，先在骨架油封周边涂上润滑油，用合适的心轴和小锤轻轻打入盖板槽内，油封的唇口应朝里，切勿装反。

（2）将各密封圈洗净后（禁用汽油）装入相应油封槽内。

（3）将合格的轴承涂好润滑油装入相应的轴承孔内。

（4）将轴套或侧板与主动齿轮、从动齿轮组装成齿轮轴套，在运动表面加润滑油。

（5）将轴套与前后泵盖组装。

（6）将定位销装入定位空中，轻打到位。

（7）将主动轴装入主动齿轮花键孔中，同时将轴承盖装上。

（8）装连接两泵盖及泵壳的紧固螺栓。此时应注意：两两对角均匀用力，扭力逐渐增大,同时边拧螺栓。用手旋转主动齿轮,应无卡滞、过紧等感觉。所用螺栓上紧后,应达到旋转均匀的要求。

(9)用塑料填封好油口。

(10)泵组装后,在设备调试时应再度运转检查。

6. 液压泵拆装注意事项

液压泵拆装的注意事项有以下几点。

(1)在拆装齿轮泵时,注意随时随地保持清洁,防止灰尘物落入泵中。

(2)拆装清洗时,应当使用毛刷或绸布,禁用破布、棉纱擦洗零件,以免脱落线头混入液压系统。

(3)不允许用汽油清洗、浸泡橡胶密封件。

(4)液压泵为精密机件,拆装过程中所有零件应轻拿轻放,切勿敲打撞击。

7. 液压泵使用要求

(1)工作油液应保持清洁,推荐在泵的吸油管路安装过滤精度为 80 ~ 100 μm 的滤油器,回油管路安装过滤精度不小于 25 μm 的滤油器,并且要根据油液污染情况定期清洗或更换。

(2)泵进油处如有滤油器,则应保证滤油器有效通流量大于泵最大吸油流量的两倍,并保持畅通,防止堵塞。

(3)在泵启动前,必须注油排气,以便泵在开车转动时能及时吸上油。最好在压力管路中松开一个管接头,点动动力元件,让油液流出来,直到不见气泡为止,然后拧紧管接头(应特别注意按此规程操作,泵未进行此项操作是初期损坏时遇到最多的故障原因)。泵装机后应进行不少于 10 min 的空载和短时间的负载运转。

(4)泵在连续工作情况下最高温度不得超过 80 ℃,瞬间工作温度不得超过 120 ℃,以免使密封元件过早老化。

四、学习小结

____

____

____

____

____

任务三　液压缸的拆装与维护

一、任务引入

某日用品公司仓库内有 10 辆叉车,其中 1 辆叉车(图 1 - 21)在搬运货物的时候出现一快一慢、一停一跳、时停时走、停止和滑动相互交替的爬行现象,对工作人员的安全造成了严重的危害,并影响了工作效率,分析其原因是叉车的执行元件——液压缸故障造成的。那么对于这类执行元件,在日常的设备维修和保养中该如何进行呢?

图 1－21　液压叉车

二、相关知识

(一)液压缸

液压缸是液压系统中的一种执行元件,是将压力能转变成直线往复式的机械能的能量转换装置,它使运动部件实现往复直线运动或摆动。

1. 液压缸的种类

液压缸的种类很多,按结构特点可分为活塞缸、柱塞缸和摆动缸等;按作用方式不同可分为单作用液压缸和双作用液压缸两种;按连接形式又分为耳环连接式、中间铰轴式、前铰轴式、尾部铰轴式、前法兰式、尾部法兰式、径向脚架式、轴向脚架式等。

液压缸的类型、图形符号和工作特点,见表 1－5。

表 1－5　液压缸的类型、图形符号和工作特点

名称		图形符号	工作特点
单作用液压缸	单活塞杆液压缸		活塞单向运动,由外力使活塞反向运动
			活塞单向运动,由弹簧使活塞复位
	柱塞液压缸		柱塞仅单向运动,由外力使柱塞反向运动

续表

名称			图形符号	工作特点
双作用液压缸	单活塞杆	单活塞杆液压缸		活塞双向运动，使行程终止时不减速，活塞往复的作用力和速度差别较大
		差动液压缸		液压缸有杆腔的回油与液压泵输出液一起进入无杆腔，能提高运动速度
	双活塞杆	双活塞杆液压缸		活塞往复移动速度和行程都相等
		双向液压缸		两个活塞同时向相反方向运动

2. 液压缸的结构

液压缸由缸筒、活塞、活塞杆、端盖、密封圈、进油口、出油口等主要部件组成，如图1-22所示。其他结构的活塞式液压缸的主要结构均与之类似。

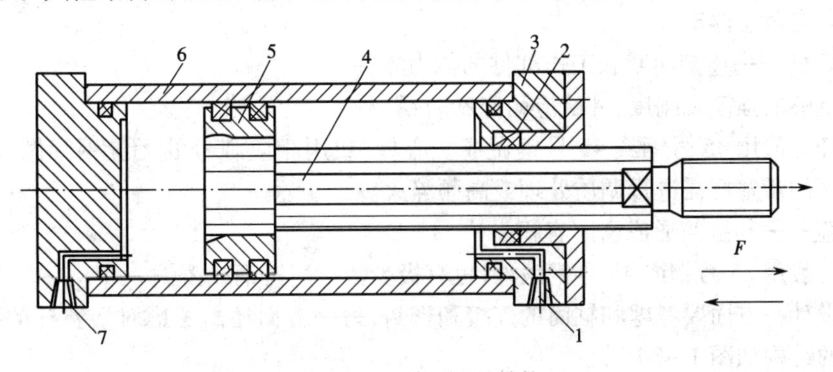

图1-22　液压缸的结构

1—进、出油口；2—密封圈；3—端盖；4—活塞杆；5—活塞；6—缸筒；7—进、出油口

液压缸主要零件的作用如下。

1)缸筒——液压缸主体

保证足够的强度、刚度以及加工的尺寸精度和粗糙度。

机床液压缸多数采用高强度铸铁(HT200),当压力超过 8 MPa 时,采用无缝钢管。

工程机械液压缸多数采用 35 号钢和 45 号钢无缝钢管。压力高时,可采用 27 SiMn 无缝钢管或 45 号钢锻造。

2)活塞——受油压的作用在缸筒内往复运动

保证强度和良好的耐磨性,可分为整体式和装配式。

整体式活塞多数采用 35 钢和 45 钢。

装配式活塞常采用灰铸铁、耐磨铸铁、铝合金等,有特殊需要的可在钢活塞坯外面装上青铜、黄铜和尼龙耐磨套。

活塞和活塞杆之间的连接方式如图 1-23 所示。

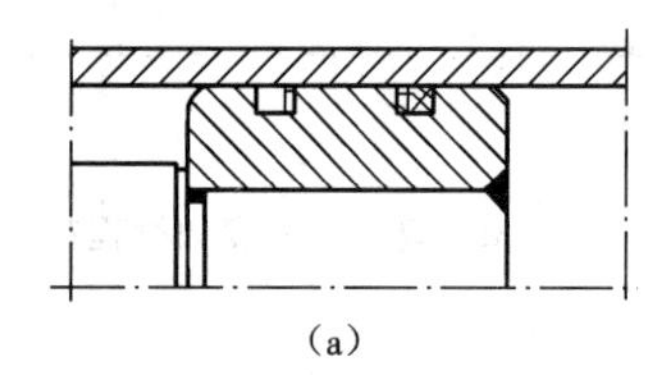

(a)

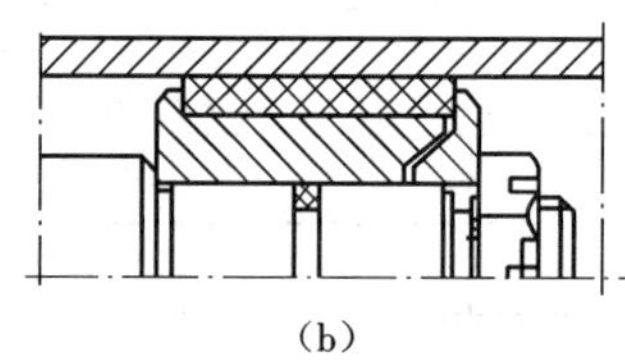

(b)

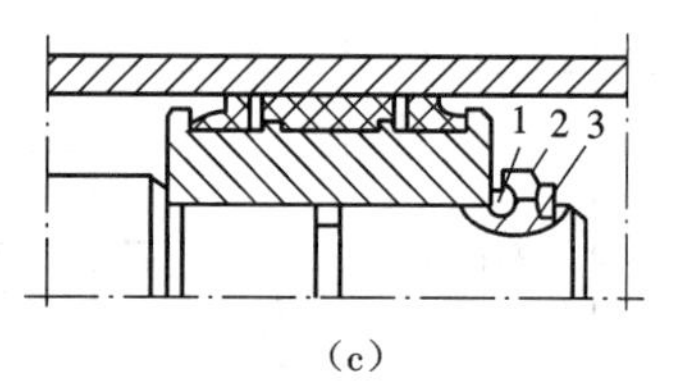

(c)

图 1-23　活塞和活塞杆之间的连接方式

(a)焊接　(b)螺纹连接　(c)卡键连接

1—卡键;2—套环;3—弹簧挡圈

图 1-23(a)的活塞和活塞杆之间用焊接方式连接。此种结构的优点是结构简单、加工方便、轴向尺寸紧凑、二者连成整体、工作可靠;缺点是不能拆卸,而且配合的公差要求高。

图 1-23(b)的活塞和活塞杆采用螺纹连接,均需要将螺帽锁紧。此种结构的优点是连接稳固,活塞和活塞杆之间无轴向公差要求;缺点是螺纹的加工和装配比较麻烦。

图 1-23(c)的活塞和活塞杆之间用卡键连接,卡键 1 由两个半环组成,套环 2 可防止卡环松开,弹簧挡圈 3 可挡住套环。此种结构的优点是拆装方便,因有少许径向间隙,活塞在径向有少许浮动,故活塞在缸筒中不易卡滞;缺点是卡键、套环、弹簧挡圈均有轴向间隙,活塞在轴向有微小浮动。

3)活塞杆——连接活塞和工作部件的传力零件

保证足够的强度和刚度,外缘应耐磨和防锈。

活塞杆一般用 35 号钢或 45 号钢做成实心杆,或用相应牌号的无缝钢管做成空心杆。输出力较大的活塞杆需进行调质处理或高频淬火。

4)端盖——与缸筒形成密闭容积

端盖一般用 35 号钢或 45 号钢锻件,也有极少数缸用铸钢或铸铁。

端盖设计一方面要考虑和缸筒的连接和密封,另一方面还需考虑对活塞杆的导向和密封。端盖的结构如图 1-24 所示。

缸筒与端盖的连接方式有法兰式、半环式、螺纹式、拉杆式(短液压缸用)等几种。

在设计过程中,采用何种缸筒与端盖的连接方式主要取决于液压缸的压力、缸筒的材料和具体的工作条件。

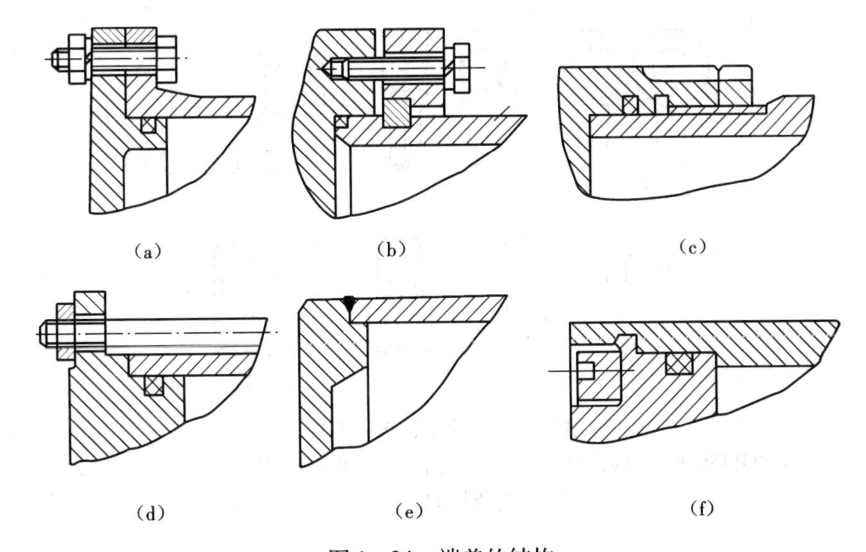

图 1-24　端盖的结构

(a)法兰式　(b)半环式　(c)螺纹式　(d)拉杆式　(e)焊接式　(f)内螺纹式

当工作压力 $p<10$ MPa 时，一般采用铸铁缸筒，这种缸筒多用法兰式连接。这种连接结构简单，加工方便，连接可靠，但是要求缸筒端部有足够的壁厚，用以安装螺栓或旋入螺钉。缸筒端部一般用铸造、镦粗或焊接方式制成粗大的外径，它是一种常用的连接形式。

当工作压力 10 MPa $<p<$ 20 MPa 时，一般采用无缝钢管缸筒，这种缸筒多用半环式连接，可分为外半环连接和内半环连接两种连接形式。半环连接工艺性好，连接可靠，结构紧凑，但削弱了缸筒强度。

当工作压力 $p>20$ MPa 时，一般采用铸钢或锻钢缸筒，这种缸筒多用螺纹式连接，有外螺纹连接和内螺纹连接两种。这种连接特点是体积小，重量轻，结构紧凑，但缸筒端部结构较复杂。这种连接形式一般用于要求外形尺寸小、重量轻的场合。

5)活塞杆头

活塞杆头部和工作机构相连。因工作机构的要求不同，活塞杆头部有多种结构，几种常用的结构如图 1-25 所示。

图 1-25(a)、(c)是单耳环结构，图 1-25(d)是双耳环结构，以上三种结构可使液压缸绕一个坐标轴摆动。

图 1-25(b)是单耳环带球铰的结构，液压缸可绕两个轴摆动。图 1-25(e)的球头结构，可使液压缸绕 3 个坐标轴摆动。只做直线运动，不需摆动的液压缸的活塞杆头部可用图 1-25(f)、(g)所示的螺纹结构。

6)液压缸缓冲装置和排气装置

液压缸缓冲装置的作用是消除在行程终端换向时产生的冲击力、噪声和机械碰撞。常见的液压缸的缓冲装置有圆柱形环隙式、圆锥形环隙式、可变节流槽式、可调节流孔式四种，如图 1-26 所示。

当移动部件惯性不大，移动速度不太高时，缓冲装置多采用圆柱形环隙式和圆锥形环隙式结构。圆锥形环隙式的缓冲效果比圆柱形环隙式的好。这两种缓冲装置结构简单，但缓冲压力不可调节，实现减速所需行程长。当缓冲活塞上的凸起部分进入与其相配的缸盖上

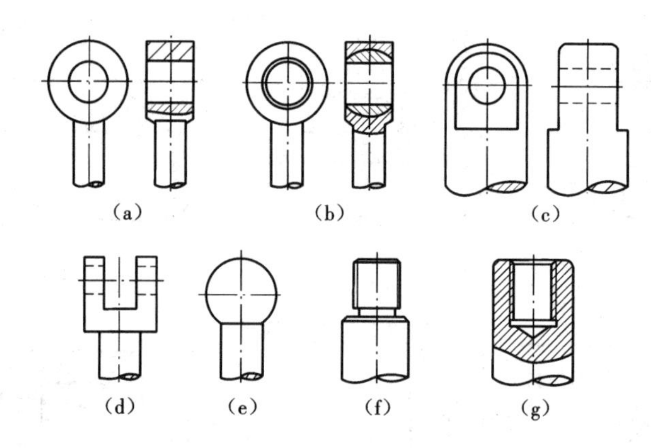

图 1－25　活塞杆头部结构

(a)单耳环结构 1　(b)单耳环带球铰的结构　(c)单耳环结构 2　(d)双耳环结构
(e)球头结构　(f)螺纹结构 1　(g)螺纹结构 2

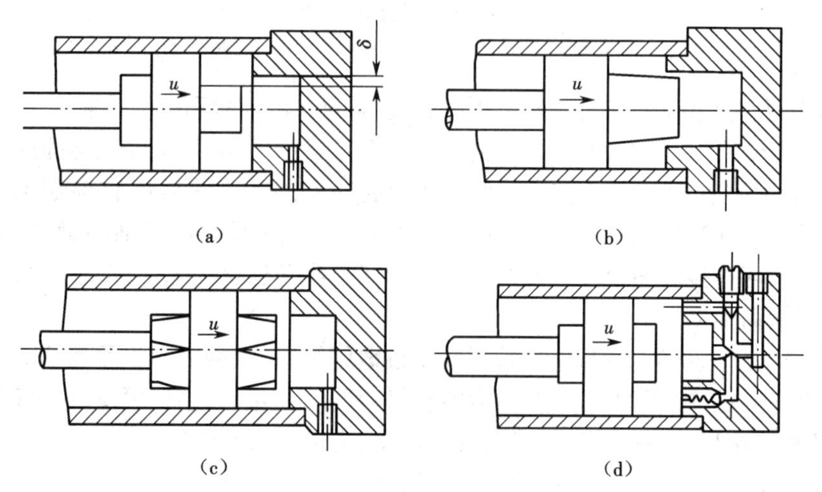

图 1－26　液压缸缓冲装置的几种常见形式

(a)圆柱形环隙式　(b)圆锥形环隙式　(c)可变节流槽式　(d)可调节流孔式

的凹孔时,孔中的液压油只能从环形间隙排出,使回油腔中压力升高形成缓冲压力,从而减缓活塞移动速度。

当要求冲击压力小,制动位置精度高时,应采用可变节流槽式缓冲装置,这种缓冲装置在其圆柱形的缓冲柱塞上开有几个三角形节流槽,随着柱塞伸入孔中距离的加大,扩展了其节流面积,使缓冲作用均匀。

目前,普遍采用可调节流孔式缓冲装置,这种缓冲装置在液压缸进出口设单向节流阀,可通过调节节流阀开口的大小,改变吸收能量的大小,以调节缓冲效果,因此应用范围最广。

液压缸的排气装置的作用是将液压系统中的空气排出。对于要求不高的液压缸可以不设专门的排气装置,而将油口布置在缸筒两端的最高处,由流出的油液将缸中的空气带往油箱,再从油箱逸出。对于要求高的液压缸需设专门的排气装置,如图 1－27 所示的排气塞、排气阀等。

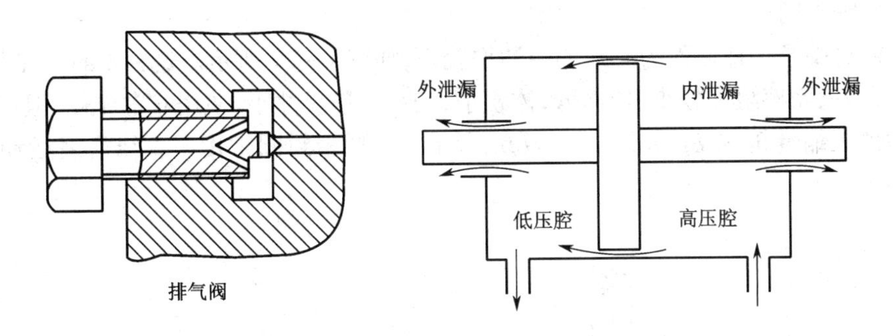

图 1－27　液压缸排气装置

7）液压缸的密封——防止液压油的泄漏

液压缸中的压力油可能通过固定部件的连接处和相对运动部件的配合处泄漏，这将使油液发热，降低液压缸的工作性能和液压缸的容积效率，并且外泄漏还会污染工作环境。因此，液压缸需要采用适当的密封装置来防止和减少泄漏。

在液压缸中，相对运动部件配合处的泄漏问题较为突出，泄漏包括内泄漏和外泄漏，一般不允许外泄漏。因此，要求液压缸所选用的密封元件必须具有良好的密封性能，并且密封性能应随工作压力的提高而自动提高。

A. 间隙密封

间隙密封如图 1－28 所示，它是利用运动部件间的配合间隙起密封作用的。通常，在活塞外圆表面上开有若干个环形槽，使活塞四周都有压力油的作用，减小活塞的摩擦力，利于活塞的对中。

为了减少泄漏，相对运动部件的配合间隙必须足够小，但不能妨碍运动部件的相对运动。因此，对配合面的尺寸精度、形状、位置精度和表面粗糙度提出了较高的要求。合理的配合间隙、配合长度、环槽个数会降低密封的摩擦力且减小泄漏量。间隙密封是非接触式密封，主要用于速度较高、压力较小、尺寸较小的液压缸与活塞配合处，也广泛用于各种泵、阀的柱塞配合中。

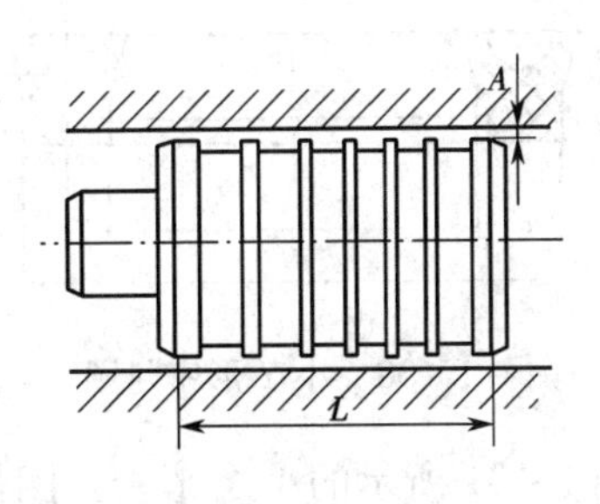

图 1－28　间隙密封

B. 密封圈密封

在液压系统中广泛使用密封圈密封。密封圈由耐油橡胶、尼龙等材料组成。它套装在活塞、柱塞或阀芯上，通过密封圈本身的受压弹性变形来实现密封。密封圈密封是接触式密封，磨损后可自动补偿，其结构简单、密封可靠。橡胶密封圈的断面通常做成 O 形、Y 形和 V 形以及组合式等几种。

a. O 形密封圈

O 形密封圈是一种截面为圆形的耐油橡胶环，如图 1－29 所示。这种密封圈结构简单，密封性能良好，摩擦阻力较小，成本低，体积小，安装沟槽尺寸小，使用非常方便，但使用时需要合适的预压缩量 δ_1 和 δ_2，如图 1－29（b）所示。O 形密封圈常用于直线往复运动和旋转运动的密封。

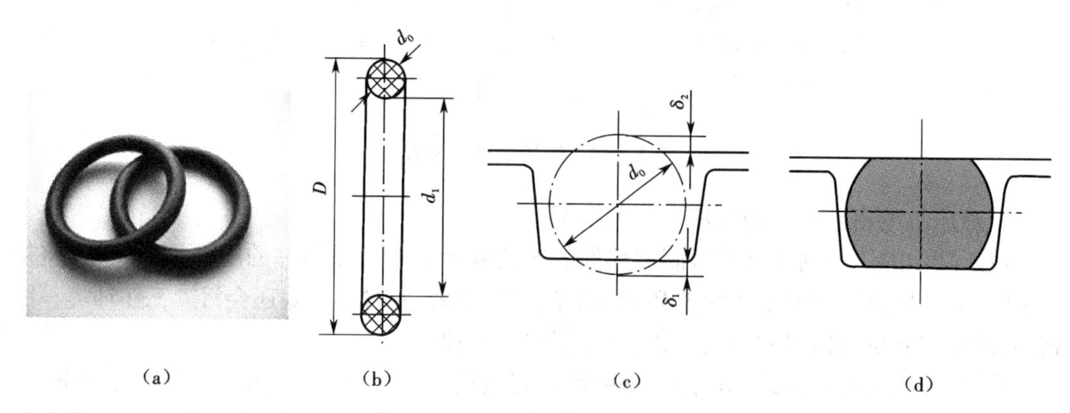

图 1－29　O 形密封圈

（a）O 形密封圈外观；（b）O 形密封圈截面；（c）密封圈预留量；（d）压缩后密封圈截面

这种密封圈的缺点是当压力较高或沟槽尺寸选择不当时，密封圈容易被挤出，从而损坏密封圈。

b. Y 形密封圈（唇形密封圈）

Y 形密封圈如图 1－30 所示，它依靠略微张开的唇边贴于密封面而保持密封。在油压作用下，唇边作用在密封面上的压力随之增加，并在磨损后有一定的自动补偿能力，故 Y 形密封圈有较好的密封性能，且能保证较长的使用寿命。在装配 Y 形密封圈时，一定要使唇边对着有压力的油腔，才能起到密封作用。Y 形密封圈密封可靠，寿命较长，摩擦力小，常用于运动速度较高的液压缸。

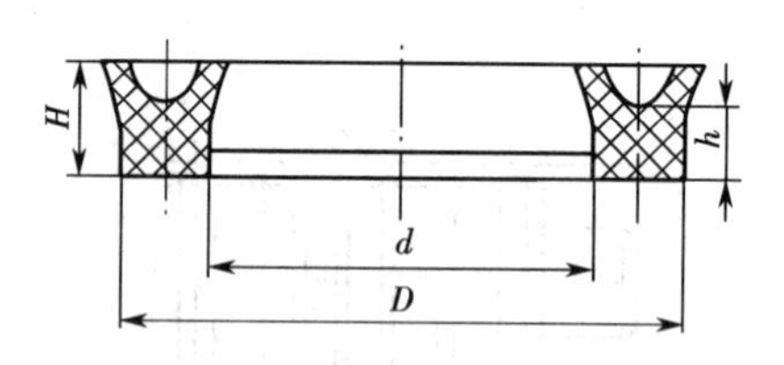

图 1－30　小 Y 形密封圈

当前，液压缸中广泛使用图 1－31 所示的小 Y 形密封圈作为活塞杆和活塞的密封。

c. V 形密封圈

V 形密封圈用带夹织物的橡胶制成，它由支撑环、密封环和压环三部分叠合组成，如图 1－32 和图 1－33 所示。密封压力高时，可增加密封环的数量，安装时也应注意方向，即密封环的开口应面向压力油腔。

V 形密封圈耐高压，密封性能好，但密封处摩擦力较大。

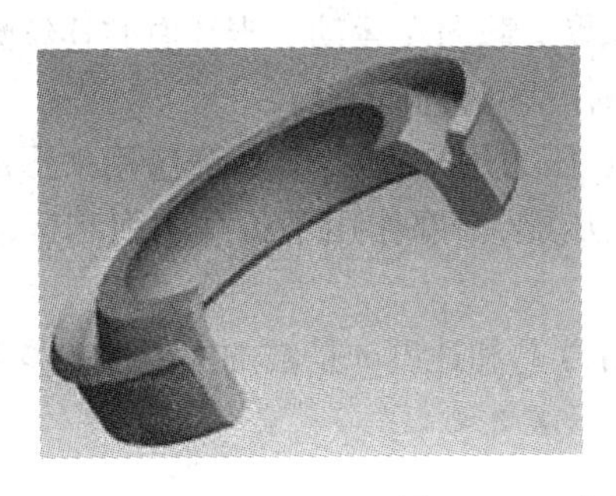
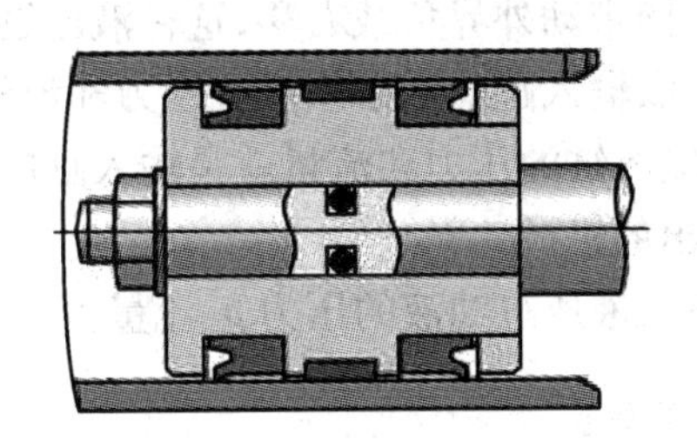

图 1－31　小 Y 形密封圈及其安装

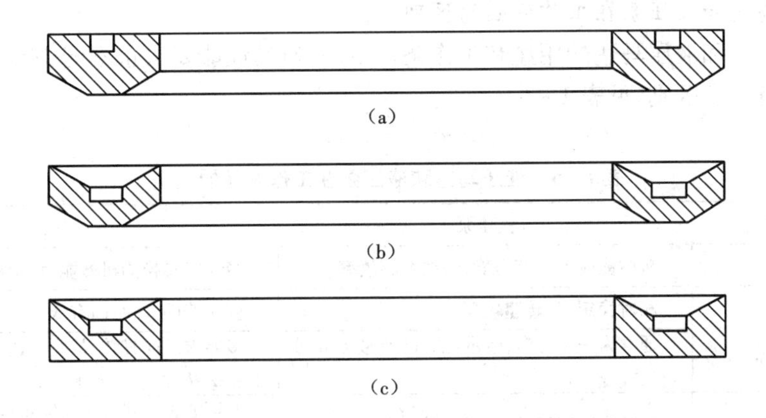

图 1－32　V 形密封圈
(a)支撑环　(b)密封环　(c)压环

图 1－33　V 形密封圈实物

3. 液压缸的工作原理

若缸筒固定,左腔连续地输入压力油,当油的压力足以克服活塞杆上的所有负载时,活塞以一定速度连续向右运动,活塞杆对外界做功。反之,往右腔输入压力油时,活塞以一定速度向左运动,完成复位。这样,完成了一个往复运动。这种液压缸叫作缸筒固定缸。若活塞杆固定,左腔连续地输入压力油,则缸筒带动外界负载向左运动。当往右腔连续地输入压力油时,则缸筒带动外界负载右移,这种液压缸叫作活塞杆固定缸。

由此可知,输入缸的油必须具有压力和流量。压力用来克服负载,流量用来形成一定的运动速度。输入缸的压力和流量就是输入缸的液压能,活塞作用于负载的力和运动速度就是液压缸输出的机械功率。

因此,流入液压缸油液的压力 p、流量 Q、作用力 F 和速度 v 是缸的主要性能参数。

(二)液压马达

液压马达是将液体的压力能转换为机械能,并能输出旋转运动的液压系统的执行元件。

1. 液压马达和液压泵在工作方面的区别

由于液压泵和液压马达的用途和工作条件不同,对其性能要求也不同,所以液压马达和液压泵之间有许多区别,见表 1-6。

表 1-6　液压马达和液压泵在工作方面的区别

区别项目	液压泵	液压马达
能量转换	机械能转换为液压能,强调容积效率	液压能转换为机械能,强调液压机械效率
轴转速	相对稳定,且转速较高	变化范围大,有高有低
轴旋转方向	通常为一个方向,但承压方向及液流方向可以改变	多要求双向旋转,某些马达要求能以泵的方式运转,对负载实施制动
运转状态	通常为连续转动,速度变化较小	有可能长时间运转或停止运转,速度变化大
输入(输出)轴上径向载荷状态	输入轴通常不承受径向载荷	输出轴大多承受变化的径向载荷
自吸能力	有自吸能力	无要求

2. 液压马达的图形符号

液压马达的图形符号如图 1-34 所示。

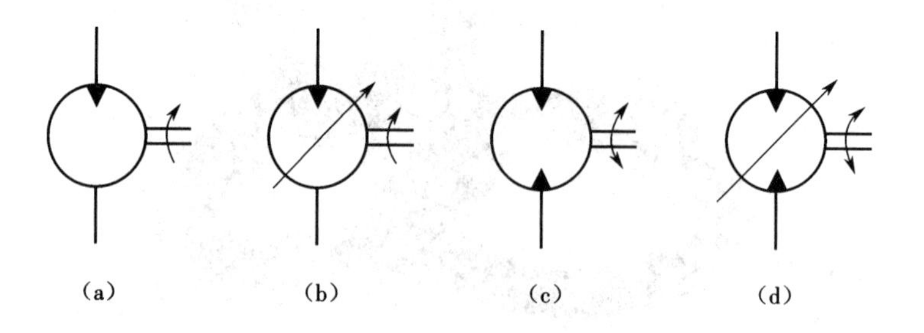

图 1-34　液压马达的图形符号

(a)单向定量液压马达　(b)单向变量液压马达　(c)双向定量液压马达　(d)双向变量液压马达

3. 典型液压马达的工作原理

1)齿轮式液压马达

图 1-35 所示为齿轮式液压马达的工作原理。齿轮式液压马达与齿轮式液压泵的结构

基本相同，最大的不同是齿轮式液压马达的两个油口一样大，且内泄漏单独引出油箱。P 为两齿轮的啮合点。当压力油输入进油腔作用在齿面上时，在两个齿轮上就各有一个使它们产生转动的作用力。在上述作用力的作用下，两齿轮按图 1 – 35 所示方向旋转，并把油液通过回油腔排出，同时齿轮马达对外输出转矩和转速。

与齿轮泵相比，其具有以下结构特点：进、回油口对称，孔径相同，使正反转时性能相近；采用外泄漏油孔，把泄漏到轴承部分的油单独导回油箱，以免马达反转时回油腔变成高压腔，将轴端油封冲坏；自动补偿轴向间隙的浮动侧板，必须适应正反转都能工作的要求；困油卸荷槽必须对称开设。

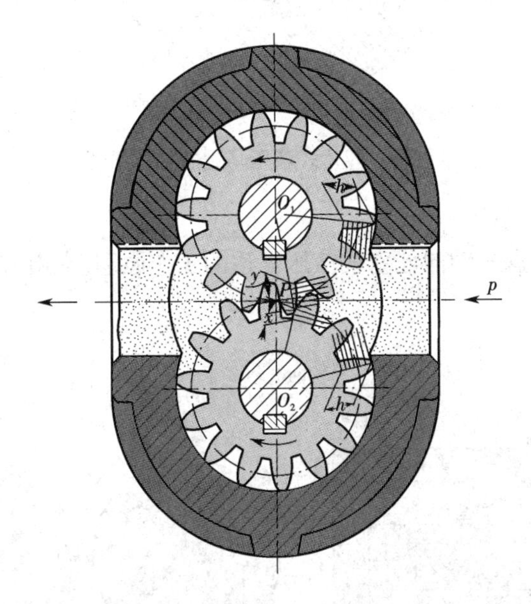

图 1 – 35　齿轮式液压马达的工作原理图

齿轮式液压马达具有体积小、重量轻、结构简单、工艺性好、对污染不敏感、耐冲击、惯性小等优点。因此，在矿山、工程机械及农业机械上广泛使用。但由于压力油作用在齿轮上的作用面积小，所以输出转矩较小，一般都用于高转速、低转矩的情况。

2）叶片式液压马达

图 1 – 36 所示为叶片式液压马达的工作原理，它由转子、定子、叶片、配油盘、转子轴和泵体等组成。在结构上与叶片泵有一些重要的区别。叶片式液压马达的叶片径向放置，以便马达可以正反向旋转；在吸、压油腔通入叶片根部的通路上设有单向阀，使叶片底部能与压力油相通，以保证马达的正常启动；在每个柱塞根部均设有弹簧，使叶片始终处于伸出状态，以保证密封。

当压力油进入压油腔后，在叶片 3、7 和叶片 1、5 上，一面作用有压力油，另一面无压力油，由于叶片 3、7 的受压面积大于叶片 1、5，从而由叶片受力差构成的力矩推动转子和叶片顺时针旋转。当改变输油方向时，液压马达就会反转。

叶片式液压马达的转子惯性小，动作灵敏，可以频繁换向，但泄漏量较大，不宜用于低速场合。因此，叶片式液压马达多用于转速高、转矩小、动作要求灵敏的场合。

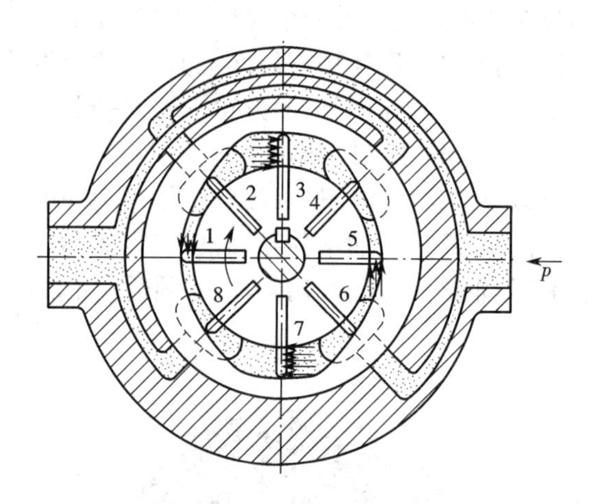

图 1－36　叶片式液压马达的工作原理图

3）轴向柱塞式液压马达

图 1－37 所示为斜盘式轴向柱塞式液压马达的工作原理，它由转子、柱塞、倾斜盘、配油盘、定子等组成。

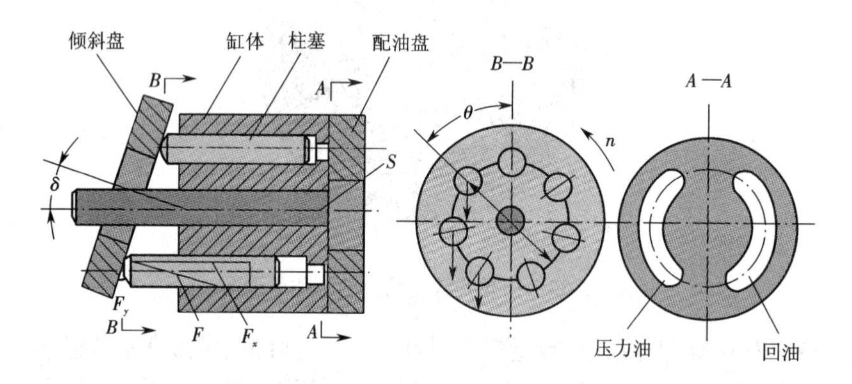

图 1－37　斜盘式轴向柱塞式液压马达的工作原理图

工作时，压力油经配油盘进入柱塞底部，柱塞受压力油作用外伸，并紧压在斜盘上，这时在斜盘上产生一反作用力 F，F 可分成轴向分力 F_x 和径向分力 F_y，轴向分力 F_x 与作用在柱塞上的液压力相平衡，而径向分力 F_y 使转子产生转矩，并使缸体旋转，从而带动液压马达的传动轴转动。

1. 液压执行元件有__________和__________两种类型，这两者不同点在于______将液压能转变成直线运动或摆动的机械能，________将液压能转变成连续回转的机械能。

2. 液压缸按结构特点的不同可分为__________缸、__________缸和摆动缸三类。液压缸按其作用方式不同可分为________式和__________式两种。

3. ________和________缸用以实现直线运动,输出推力和速度;________缸用以实现小于300°的转动,输出转矩和角速度。

4. 活塞式液压缸一般由____________、______________、缓冲装置、放气装置和______________装置等组成。

5. 液压缸常用的密封方法有______________和______________两种。

三、任务实施

1. 认识液压缸

液压缸实物如图1-38所示。

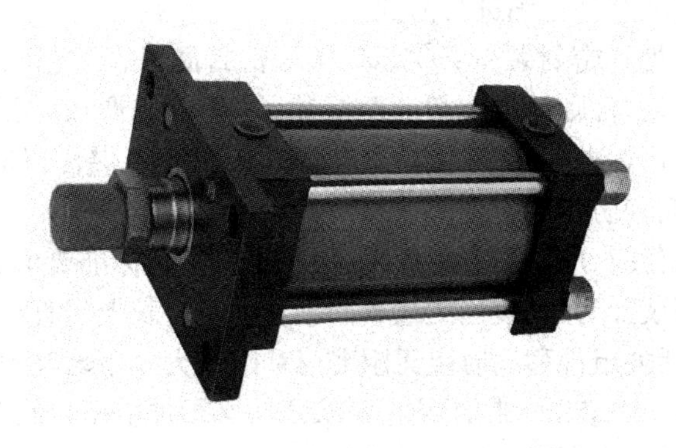

图1-38　液压缸实物

2. 拆卸液压缸

按照表1-7所述内容拆卸液压缸。

表1-7　拆卸液压缸的步骤

步骤	操作内容说明
1	拆卸液压缸时,首先用扳手松开回油管和进油管,将回路的高压油收于事先准备好的容器中,这样做的目的是使液压缸回路中的油压为零
2	拆卸缸盖:对于法兰式连接,应先拆除法兰连接螺栓,用螺栓把端盖顶出,不要硬撬或锤击,以免损坏;对于内卡键式连接,应使用专用工具,将导向套向内推,露出卡键后,将卡键取出并用尼龙或橡胶质地的物品把卡键槽填满后再往外拆;对于螺纹连接式液压缸,应先把螺纹压盖拧下
3	分解活塞、活塞杆及密封:在拆除活塞杆和活塞时,不能硬性地将活塞杆组件从缸筒中拉出,应设法保持活塞杆组件和缸筒的轴心在一条线上,再缓慢拉出
4	测量活塞杆的直线度,活塞与活塞杆的同轴度,通过检测判断液压缸的性能
5	在零件拆除检查后,将零件置于干净的环境中,并加装防止磕碰的隔离装置,重新装配前将零件清洗干净

3. 液压缸的修理与保养

(1)目测活塞上两个小Y形油封及塑料导向支承环是否拉伤或研伤,如不能再用,要更换标准规格的油封和导向支承环。

(2)检查缸筒内表面,发现浅线状拉伤痕迹或点状伤痕时,可采用细砂布(纸)或油石修磨,必要时用工具修理,可继续使用。

(3)如有纵向拉伤较深痕迹,视作不能修复,要重新制造缸筒,有困难时,可向制造厂购买缸筒。

(4)活塞杆的表面经过镀铬处理,表层较硬不易拉伤,如将镀铬层磨损产生局部剥离或形成纵向拉破镀层,应磨去镀层抛光后重新镀铬;如若轻微拉出伤痕,可用油石修磨后使用。

(5)导向套的内表面与活塞杆滑动接触,长期使用其内孔会产生不均匀的磨损,若不圆度在0.2 mm以上便不能使用,应按实样测绘、制造新的元件并更换。

(6)油缸检修完要观察一下小Y形油封及O形密封圈,如发现有轻微磨损,缺肉或唇边不整齐拉伤等现象,应更换标准合格的油封。

4. 液压缸装配的注意事项

(1)装配前必须对各零件仔细进行清洗。

(2)要正确安装各处的密封装置:①安装O形密封圈时,不要将其拉到永久变形的程度,也不要边滚动边套装,否则可能因扭曲而漏油;②安装Y形和V形密封圈时,要注意其安装方向,避免因装反而漏油;③密封装置如与滑动表面配合,装配时应涂以适量的液压油;④拆卸后的O形密封圈和防尘圈应全部换新。

(3)拧紧螺纹连接件时,应使用专用扳手,扭力矩应符合标准要求。

(4)活塞与活塞杆装配后,须设法测量其同轴度和在全长上的直线度是否超差。

(5)装配完毕后,活塞组件移动时应无阻滞感和阻力大小不匀等现象。

(6)液压缸向主机上安装时,进、出油口接头之间必须加上密封圈并紧固好,以防漏油。

(7)按要求装配好后,应在低压情况下进行几次往复运动,以排除缸内气体。

5. 液压缸的维护

液压油一定要符合要求,连接液压缸之前,必须彻底冲洗液压系统。冲洗过程中,应关闭液压缸的连接管,建议连续冲洗约30 min,然后才能将液压缸接入液压系统。

在冲击载荷大的情况下,应密切注意液压缸支承的润滑。尤其是新系统启动后,应反复检查液压缸的功能及泄漏情况。启动后,还应检查轴心线是否对中。若不对中,应重新调节液压缸体或机器中心线,实现对中。

保持液压油清洁是非常重要的。接在系统中的过滤器开始运转阶段至少应每工作100 h清洗一次,然后每月清洗一次,至少每次换油时清洗一次。建议换油时全部更换新油,并将油箱彻底清洗。

使用过程中,应注意做好液压缸的防松、防尘及防锈工作。长时间停用后再重新使用时,注意用干净棉布擦净暴露在外的活塞表面。启动时先空载运转,待正常后再挂接机具。

作为备件的液压缸建议储存在干燥的地方,储存处不能有腐蚀物质或气体。应加注适当的防护油,最好先以该油作为介质使液压缸运行几次。当起用时,要彻底清洗掉液压缸中的防护油,建议第一次更换新油的时间间隔比通常情况下短一些。储存过程中,液压缸进、回油口应严格密封,保护好活塞杆,使其免受机械损伤或氧化锈蚀。

6. 拆卸油缸注意事项

(1)拆卸液压油缸之前,应使液压回路卸压。否则,当把与油缸相连接油管接头拧松时,回路中的高压油就会迅速喷出。液压回路卸压时应先拧松溢流阀等处的手轮或调压螺钉,使压力油卸荷,然后切断电源或动力源,使液压装置停止运转。

(2)拆卸时应防止损伤活塞杆顶端螺纹、油口螺纹和活塞杆表面、缸套内壁等。为了防止活塞杆等细长件变形，放置时应用垫木支承均衡。

(3)拆卸时要按顺序进行。由于各种液压缸结构和大小不尽相同，拆卸顺序也稍有不同。一般应放掉油缸两腔的油液，然后拆卸缸盖，最后拆卸活塞与活塞杆。在拆卸液压缸的缸盖时，对于内卡键式连接的卡键或卡环要使用专用工具，禁止使用扁铲；对于法兰式端盖必须用螺钉顶出，不允许锤击或硬撬。在活塞和活塞杆难以抽出时，不可强行打出，应先查明原因再进行拆卸。

(4)拆卸前后要设法创造条件防止液压缸的零件被周围的灰尘和杂质污染。例如，拆卸时应尽量在干净的环境下进行；拆卸后所有零件要用塑料布盖好，不要用棉布或其他工作用布覆盖。

(5)油缸拆卸后要认真检查，以确定哪些零件可以继续使用，哪些零件可以修理后再用，哪些零件必须更换。

(6)装配前必须对各零件仔细清洗。

(7)要正确安装各处的密封装置。

①安装O形密封圈时，不要将其拉到永久变形的程度，也不要边滚动边套装，否则可能因扭曲而漏油。

②安装Y形和V形密封圈时，要注意其安装方向，避免因装反而漏油。对Y形密封圈而言，其唇边应对着有压力的油腔；此外，Y形密封圈还要注意区分是轴用还是孔用，不要装错。V形密封圈由形状不同的支承环、密封环和压环组成，当压环压紧密封环时，支承环可使密封环产生变形而起密封作用，安装时应将密封环的开口面向压力油腔；调整压环时，应以不漏油为限，不可压得过紧，以防密封阻力过大。

③密封装置如与滑动表面配合，装配时应涂以适量的液压油。

④拆卸后的O形密封圈和防尘圈应全部换新。

(8)螺纹连接件拧紧时应使用专用扳手，扭力矩应符合标准要求。

(9)活塞与活塞杆装配后，须设法测量其同轴度和在全长上的直线度是否超差。

(10)装配完毕后活塞组件移动时应无阻滞感和阻力大小不匀等现象。

(11)液压缸向主机上安装时，进、出油口接头之间必须加上密封圈并紧固好，以防漏油。

(12)按要求装配好后，应在低压情况下进行几次往复运动，以排除缸内气体 。

四、学习小结

____

____

____

____

____

____

____

五、拓展知识——液压辅助元件

液压传动系统辅助元件有滤油器、油箱、管件、密封件、压力表和压力表开关、热交换器和蓄能器等,它们和其他元件一样都是液压传动系统中不可缺少的组成部分。它们对系统的性能、效率、温度、噪声和寿命影响极大,因此必须给以充分的重视。

(一)蓄能器

1. 蓄能器的作用

(1)储存能量。在间断地推动负载工作的液压回路中,当负载停止不动时,压力油液被储存在蓄能器内。当推动负载工作时,蓄能器又释放出压力油。可见,蓄能器起到了小型液压泵的作用。平时把压力油储存在蓄能器内,一旦液压泵发生故障不能工作时,蓄能器可以作为应急压力油源和辅助回路的驱动用压力油源使用。

(2)吸收脉动和冲击压力。蓄能器可吸收液压泵流量脉动所引起的压力脉动,同时还用来吸收阀在开闭和换向时所引起的冲击压力。

2. 蓄能器的构造

(1)气囊式(图1-39):即在气囊内充入一定压力的气体(一般是氮气),并且使压力油与气体分离。充入的气体随着油液压力的变化膨胀和收缩。一般希望小型蓄能器的工作频率小于0.5~1 Hz,对于大型蓄能器要小于5 Hz,压缩比最好在4:1以下。这种蓄能器脉动小反应快,其重量比活塞式蓄能器要轻。

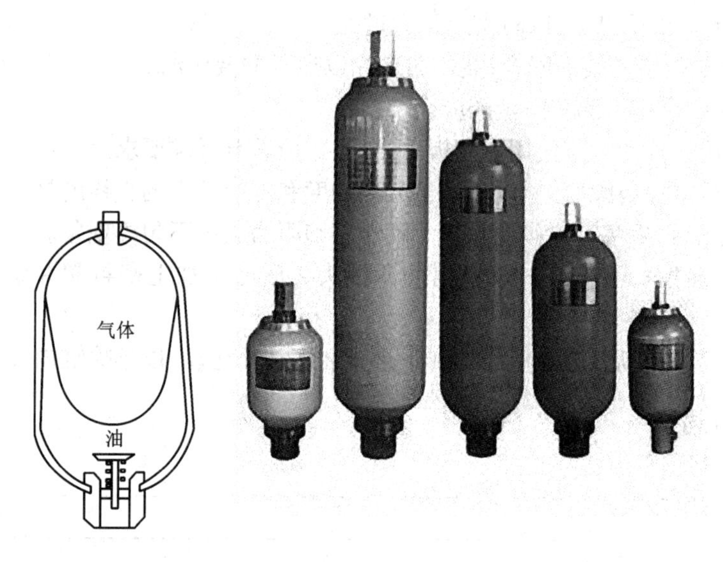

图1-39　气囊式蓄能器

(2)活塞式(图1-40):即用活塞把压力油与气体分开。它的使用温度范围比气囊式要宽得多,而且有效排量也大,工作循环频率在3 Hz以下,而对于压缩比却不受任何限制。

(3)液压消声器:使用消声器降低液压装置的噪声的原理,吸收液压泵流量脉动产生的流体高频振动。图1-41是其结构的示例。用橡胶膜把多孔管道包裹起来,在橡胶与油缸之间封入氮气。高频率脉动的压力油在通过液压消声器时,脉动振幅大大衰减。

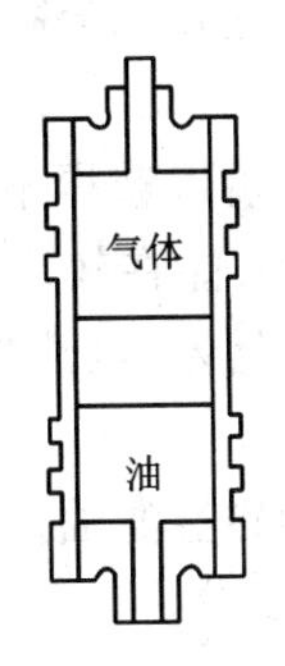

图 1－40　活塞式蓄能器

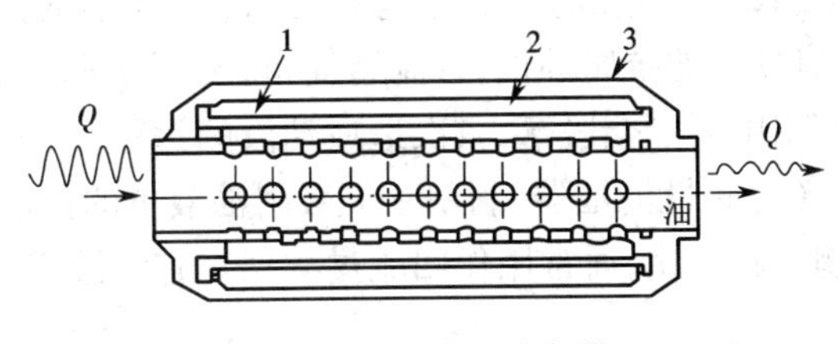

图 1－41　液压消声器

1—橡胶管道；2—气体；3—油缸

（二）滤油器

滤油器的功用是过滤混在液压油液中的杂质，降低系统中油液的污染度，保证系统正常工作。外部污染物有切屑、锈垢、橡胶颗粒、漆片、棉丝等；内部污染物有零件磨损的脱落物、油液因理化作用的生成物等。液压装置的故障 75% 以上通常是由于液压油的污染造成的。因此，用滤油器控制工作油的污染极为重要。当灰尘的大小与滑动间隙相近时，对液压元件最为有害。随着液压回路的高压化，液压元件的间隙在减小（研究表明，液压元件相对运动表面的间隙大多在 1 ~ 5 μm 范围内）。因此，用滤油器使油液净化的措施变得越来越重要。图 1－42 是用在油箱中液压泵吸油口处的滤油器。图 1－43 是用在系统管路中的滤油器。按滤芯的材料和结构形式的不同，滤油器可分为网式滤油器、线隙式滤油器、纸芯式滤油器、烧结式滤油器及磁性滤油器。按滤油器安放位置的不同，可分为吸滤器、压滤器和回流过滤器。

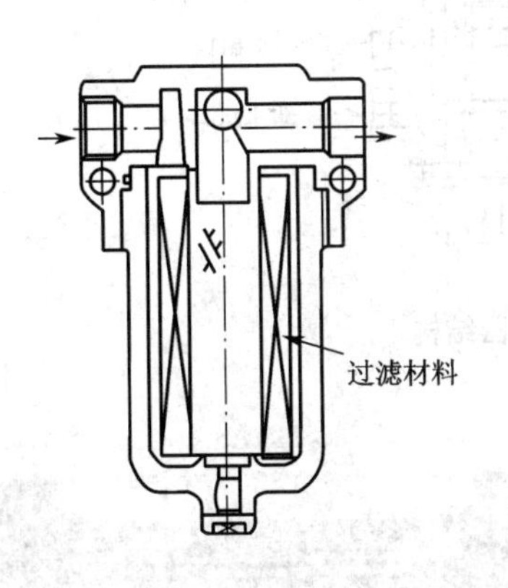

图 1－42　油箱用滤油器

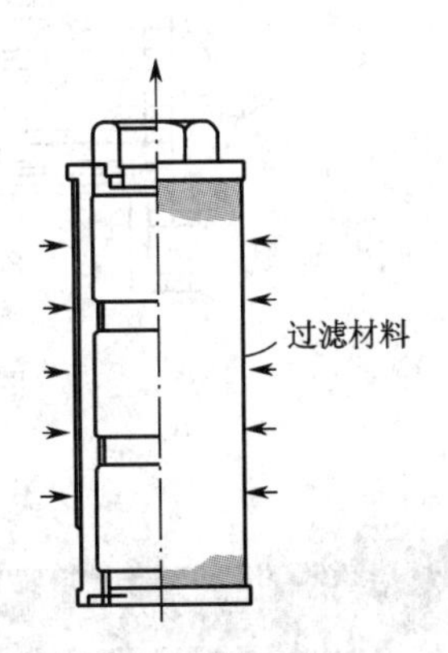

图 1－43　管路用滤油器

（1）网式滤油器（图 1－44）：结构简单、清洗方便、通油能力大，但过滤精度低（有 80 μm、100 μm、180 μm 三个等级），常用于吸油管路做吸滤器对油液进行粗滤。

（2）线隙式滤油器：结构简单、通油能力大、过滤效果好，可用作吸滤器或回流过滤器，但不易清洗。

（3）纸芯式滤油器：又称纸质滤油器，它的过滤精度高（5 ~ 30 μm），可在高压（38 MPa）

下工作，结构紧凑、通油能力大，一般配备壳体后用作压滤器。其缺点是无法清洗，需经常更换滤芯。

(4)烧结式滤油器：选择不同粒度的粉末烧结成不同厚度的滤芯，可以获得不同的过滤精度(10～100 μm)。其过滤精度较高，滤芯的强度高，抗冲击性能好，能在较高温度下工作，有良好的抗腐蚀性，且制造简单，可用在不同的位置。其缺点是易堵塞，难清洗，烧结颗粒使用中可能会脱落，再次造成油液的污染。

(5)磁性滤油器：利用磁铁吸附油液中的铁质微粒，但一般结构的磁性滤油器对其他污染物不起作用，通常用作回流过滤器。它常被用作复合式滤油器的一部分。

(三)冷却器

液压系统的工作温度一般希望保持在40～60 ℃的范围内，最高不超过65 ℃。如果液压回路内的油温升高，使油的黏度下降，从而导致液压元件的性能变化、寿命降低和工作油老化。液压系统如依靠自然冷却仍不能使油温控制在上述范围内时，就须安装冷却器。

1. 液压油液的温度上升

液压油液需要的驱动功率与液压执行机构的输出功率之差就是损失功率。绝大部分损失功率都消耗于液压油的升温。因此，在运转过程中，油温上升得很快。特别要注意的是，通过溢流阀的油液的压力完全没有利用而全部损失，从而使油温上升。

2. 冷却器的分类

冷却器可分为水冷式和孔冷式两种，其中水冷式又分为管式和板式。图1－44和图1－45所示是管式水冷冷却器，冷却水在管内流动，当油液在它周围流动时即被冷却。

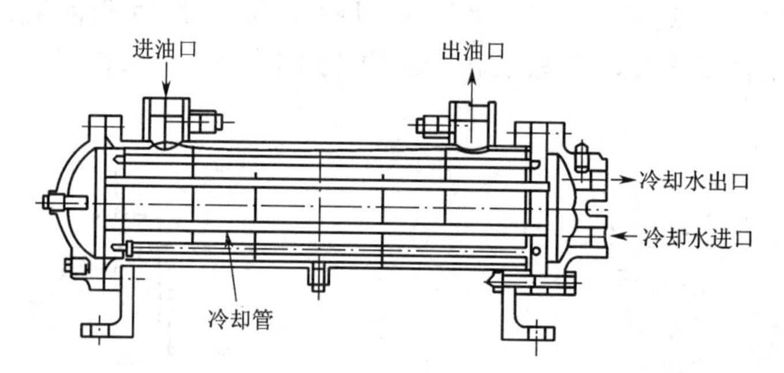

图1－44　管式水冷冷却器结构

图1－45　管式水冷冷却器实物

(四)油箱

油箱有以下功能。

(1)储存液压系统所需要的液压油。通常需要储存的油相当于液压泵在3～5 min的排油量。但是,在车辆上由于受到条件的限制,所储存的油较少。

(2)冷却液压油。由于油箱的壁面能散热,因此往往在低压回路中不再专门设置冷却器。

(3)使工作油液中的气泡浮出。从液压系统经回油管回油箱的液压油往往混有微小的气泡,可以让气泡在油箱中浮出,也可以在吸油口附近安装金属网以排除气泡。

(4)除去液压油中的异物。在经回油管回油箱的液压油中常常混入灰尘以及其他污物,需要把这些污物沉积在油箱中,更应在吸油管的进口处安装过滤器除去这些污物。

油箱的构造如图1－46所示。在中部安装有挡板,从回油口回油箱的油沿油箱的内壁面绕过挡板流向吸油口。在壁面上流过的油要向外界散出热量,同时气泡很容易浮出,污物也容易沉积在油箱底上。

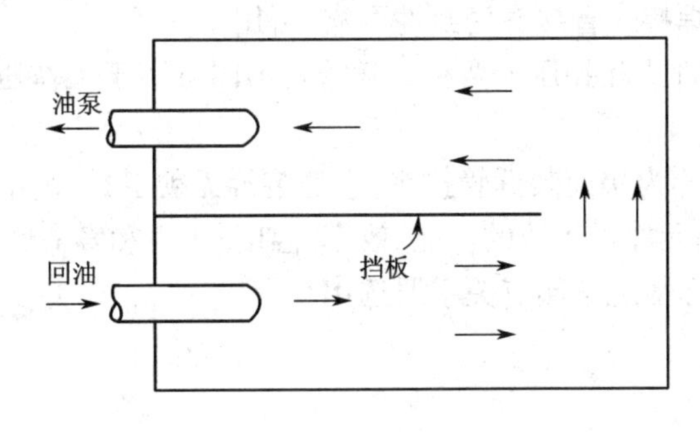

图1－46　油箱

(五)管、管接头

管、管接头的选用原则是要保证管中油液做层流运动,管路应尽量短,以减小压力损失;要根据工作压力、安装位置确定管材与连接结构;与泵、阀等连接的管件应由其接口尺寸决定管径。

1.管

各种管及其适用场合见表1－8。

表1－8　各种管及其适用场合

种类		特点和适用场合
硬管	钢管	价廉、耐油、抗腐、刚性好,但装配时不易弯曲成形,常在装拆方便处用作压力管道、中压以上无缝钢管、低压用焊接钢管
	紫铜管	价高、抗震能力差、易使油液氧化,但易弯曲成形,只用于仪表和装配不便之处

续表

种类		特点和适用场合
软管	尼龙管	乳白色半透明,可观察流动情况,加热后可任意弯曲成形和扩口;冷却后即定形,承压能力因材料而异,其值为2.8~8 MPa
	塑料管	耐油、价低、装配方便,长期使用会老化,只用作低于0.5 MPa的回油管与泄油管
	橡胶管	用于相对运动间的连接,分高压和低压两种;高压胶管由耐油橡胶夹钢丝编织网(层数越多,耐压越高)制成,价高,用于压力回路;低压胶管由耐油橡胶夹帆布制成,用于回油管路

2. 管接头

在管的连接处所使用的管接头,除了具有必要的强度外,还必须能承受振动、冲击压力,并且不能漏油。管接头的分类如下。

(1)按管接头和管的连接方式分为扩口式管接头、卡套式管接头和焊接式管接头三种。扩口式管接头适用于紫铜管、薄钢管、尼龙管和塑料管等低压管道的连接。卡套式管接头对轴向尺寸要求不严,装拆方便,但对管道连接用管子尺寸精度要求较高,需采用冷拔无缝钢管,可用于高压系统。焊接式管接头密封性可靠,可用于高压。

(2)胶管接头有可拆式和扣压式两种。随管径不同可用于工作压力在6~40 MPa的系统。

(3)快速接头的全称为快速装拆管接头,它的装拆无须工具,适用于经常装拆处。

液压传动系统辅助元件对系统的性能、效率、温度、噪声和寿命影响极大,因此必须给以充分的重视,可根据实际情况查阅有关手册选用。

项目二　液压传动基本回路连接与调试

学习目标

知识目标：

1. 掌握方向控制阀、压力控制阀、流量控制阀的结构；
2. 掌握方向控制阀、压力控制阀、流量控制阀的图形符号；
3. 掌握方向控制阀、压力控制阀、流量控制阀的工作原理；
4. 掌握方向、压力、速度、顺序控制回路的组成及工作原理。

技能目标：

1. 能安装、保养方向控制阀、压力控制阀、流量控制阀；
2. 能够正确选择和应用液压控制元件；
3. 能正确识读、连接、调试方向、压力、速度控制回路；
4. 能正确识读、连接、调试其他控制回路。

学习引导

不论机械设备的液压系统多么复杂，它总不外乎是由一些基本回路所组成的。所谓基本回路，就是由相关液压元件组成，能实现某种特定功能的典型油路。它是从一般的实际液压系统中归纳、综合、提炼出来的，具有一定的代表性。熟悉和掌握基本回路的组成、工作原理、性能特点及其应用，是分析和使用液压系统的重要基础，有助于认识和分析一个完整的液压系统，即全局为局部之总和。

液压控制阀是用来控制液压系统中油液的流动方向或调节其压力和流量的，因此它可分为方向阀、压力阀和流量阀三大类。一个形状相同的阀，可以因为作用机制的不同，而具有不同的功能。压力阀和流量阀利用通流截面的节流作用控制着系统的压力和流量，而方向阀则利用通流通道的更换控制着油液的流动方向。这就是说，尽管液压阀存在着各种各样不同的类型，它们之间还是保持着一些基本共同点的。

1. 液压控制阀的功用

液压控制阀是液压系统中用来控制油液的流动方向或调节其压力和流量的元件。借助于这些阀，便能对执行元件的启动、停止、动作顺序和克服负载的能力进行调节与控制，使各类液压机械都能按要求协调地工作。液压控制阀对液压系统的工作过程和工作特性有重要的影响。

2. 液压控制阀的基本共同点及要求

尽管液压阀的种类繁多，且各种阀的功能和结构形式也有较大的差异，但它们之间均保持下述基本共同点：

(1)在结构上，所有液压控制阀都是由阀体、阀芯和驱动阀芯动作的元、部件组成；

(2)在工作原理上，所有液压控制阀的开口大小、进出口间的压差以及通过阀的流量之间的关系都符合孔口流量公式，仅是各种阀控制的参数各不相同而已。

液压系统中所使用的液压阀均应满足以下基本要求：

(1)动作灵敏,使用可靠,工作时冲击和振动小;

(2)油液流过时压力损失小;

(3)密封性能好;

(4)结构紧凑,安装、调整、使用、维护方便,通用性大。

3. 液压控制阀的分类

液压控制阀按不同的特征和方式可分为如表2-1所示的几类。图2-1所示为部分液压控制阀实物。

表2-1 液压控制阀的分类

分类方法	种类	详细分类
按用途分类	压力控制阀	溢流阀、减压阀、顺序阀、比例压力控制阀、压力继电器等
	流量控制阀	节流阀、调速阀、分流阀、比例流量控制阀等
	方向控制阀	单向阀、液控单向阀、换向阀、比例方向控制阀
按操纵方式分类	人力操纵阀	手把及手轮、踏板、杠杆
	机械操纵阀	挡块、弹簧、液压、气动
	电动操纵阀	电磁铁控制、电液联合控制
按连接方式分类	管式连接	螺纹式连接、法兰式连接
	板式及叠加式连接	单层连接板式、双层连接板式、集成块连接、叠加式
	插装式连接	螺纹式插装、法兰式插装
按控制原理分类	开关或定值控制阀	压力控制阀、流量控制阀、方向控制阀
	电液比例阀	电液比例压力阀、电液比例流量阀、电液比例换向阀、电液比例复合阀、电液比例多路阀
	伺服阀	单、两级(喷嘴挡板式、动圈式)电液流量伺服阀、三级电液流量伺服阀、电液压力伺服阀、气液伺服阀、机液伺服阀
	数字控制阀	数字控制压力阀、数字控制流量阀、方向阀

图2-1 部分液压控制阀实物

任务一　方向控制回路连接与调试

一、任务引入

图 2－2 所示为液压关断门启闭运动结构示意图，要求用液压系统来完成关断门的工作过程，液压传动系统是根据液压设备的组件来完成工作要求，选用一些不同功能的液压基本回路适当组成。那么什么样的回路能够实现关断门的启闭运动呢？应该如何设计组建这个回路呢？

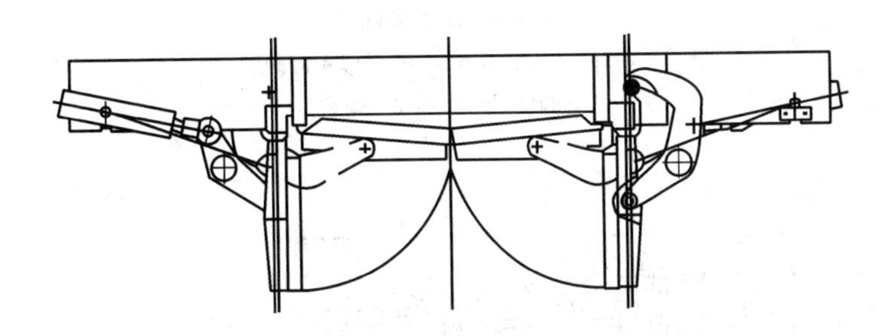

图 2－2　液压关断门启闭运动结构示意图

本任务要求在学习设计液压系统方向控制回路的过程中实现以下目标：

(1)建立对方向控制元件的认识，掌握方向控制阀的工作原理；

(2)方向控制回路的识读、组建。

二、相关知识

(一)方向控制阀

方向控制阀用以控制液压系统中液流的方向或油路的通断，分为单向阀和换向阀两类。

1. 单向阀

1)普通单向阀

普通单向阀简称单向阀，其作用是控制油液按一个方向流动，而反向截止。图 2－3(a)为管式单向阀，图 2－3(b)为板式单向阀，压力油从进油口 P_1 流入，作用于阀芯 2 上，当压力大于弹簧 3 的弹力时，顶开阀芯 2，经过环形阀口(对于管式单向阀还要经过阀芯上的四个径向孔)从出油口 P_2 流出。当液流反向时，在弹簧力和油液压力作用下，阀芯锥面紧压在阀体的阀座上，则油液不能通过。

2)液控单向阀

图 2－4 为液控单向阀，它由普通单向阀和液控装置两部分组成。当控油口 K 不通入压力油时，其作用与普通单向阀相同。当控油口 K 通入压力油时，推动活塞 1、顶杆 2，将阀芯 3 顶开，使 P_2 和 P_1 接通，液流在两个方向可自由流动。为了减小活塞 1 移动的阻力，设有一外泄油口 L。

液控单向阀具有良好的反向密封性，常用于执行元件需长时间保压、锁紧的场合。

2. 换向阀

换向阀是具有两种以上流动形式和两个以上油口的方向控制阀，是实现液压油流的沟

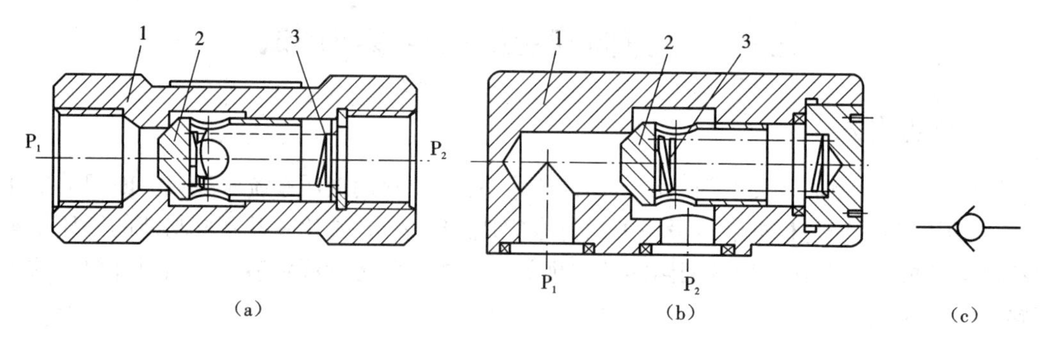

图 2-3　普通单向阀

(a)管式单向阀　(b)板式单向阀　(c)单向阀图形符号

1—阀体;2—阀芯;3—弹簧

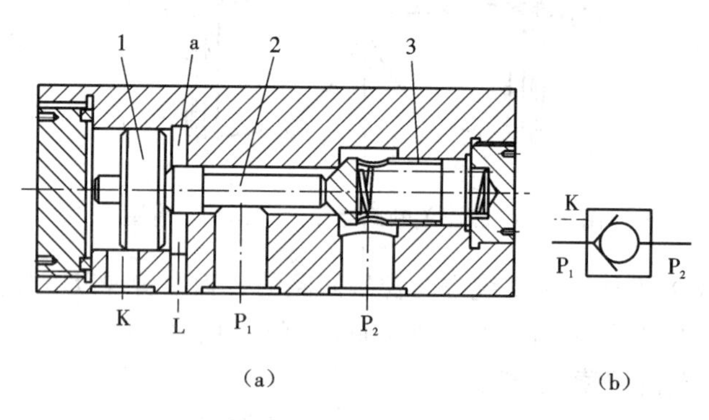

图 2-4　液控单向阀

(a)工作原理　(b)图形符号

1—活塞;2—顶杆;3—阀芯

通、切断和换向以及压力卸载和顺序动作控制的阀门,可分为手动换向阀、电磁换向阀、电液换向阀等。常用的换向阀阀芯在阀体内往复滑动,称为滑阀。图 2-5 所示为换向阀的内部结构。

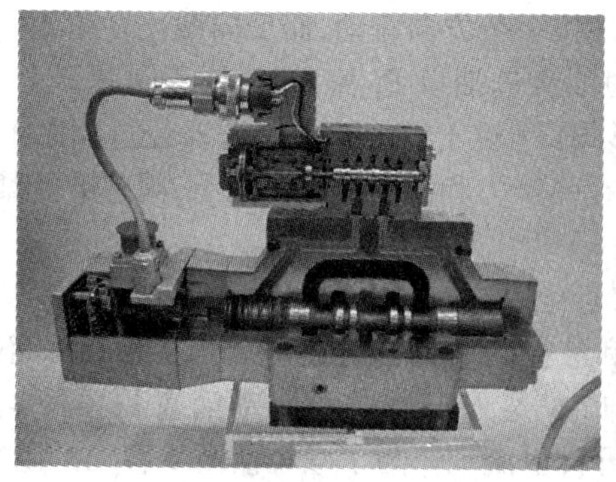
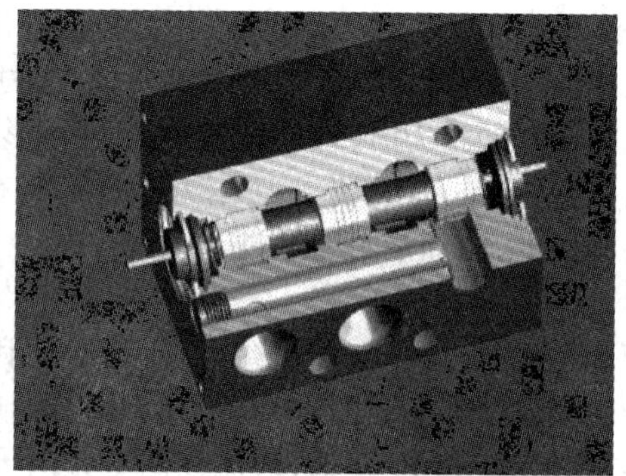

图 2-5　换向阀的内部结构

1)换向阀的工作原理

图 2-6 所示为换向阀的工作原理图。在图示状态下,液压缸两腔不通压力油,活塞处

于停止状态。若使阀芯1左移,阀体2的油口P和A连通、B和T连通,则压力油经P、A进入液压缸左腔,右腔油液经B、T流回油箱,活塞向右运动。反之,若使阀芯右移,则油口P和B连通、A和T连通,活塞便向左运动。

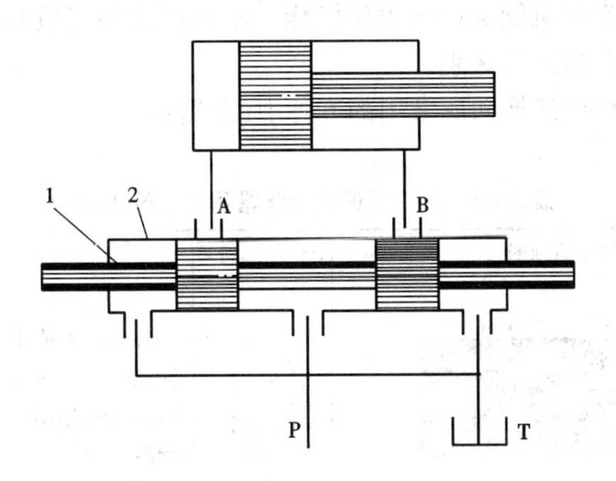

图2-6 换向阀的工作原理图

1—阀芯;2—阀体

表2-2列出了几种常用换向阀的结构原理和图形符号。

表2-2 常用换向阀结构原理及图形符号

位和通	结构原理图	图形符号
二位二通	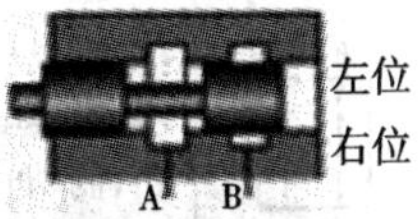 左位 右位 A B	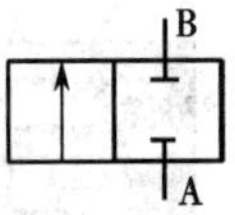 B A
二位三通	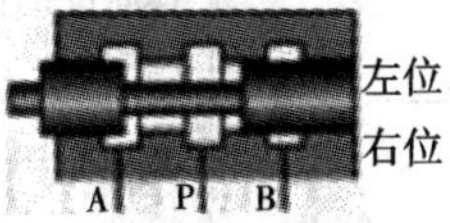 左位 右位 A P B	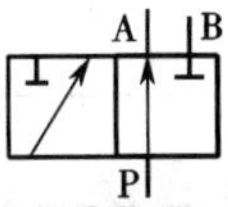 A B P
三位四通	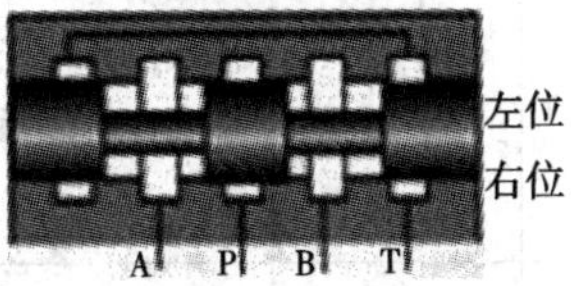 左位 右位 A P B T	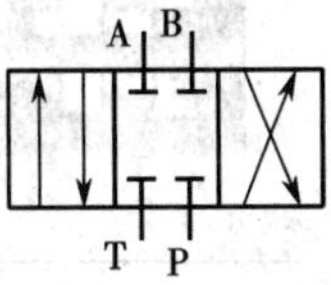 A B T P

换向阀图形符号的含义如下:

(1)方格数表示换向阀的阀芯相对于阀体所具有的工作位置数,二格即二位,三格即三位;

(2)方格内的箭头表示两油口连通,但不表示流向,符号"⊥"和"⊤"表示此油口不连通,箭头、箭尾及不连通符号与任一方格的交点数表示油口通路数;

(3)P表示压力油的进口,T表示与油箱相连的回油口,A和B表示连接其他工作油路的油口;

(4)三位阀的中间方格和二位阀靠近弹簧的方格为阀的常态位置,在液压系统图中,换向阀的符号与油路的连接一般应画在常态位置上。

2. 换向阀的中位机能

换向阀处于常态位置时，其各油口的连通方式称为滑阀机能。三位换向阀的常态为中位，因此三位换向阀的滑阀机能又称为中位机能。不同机能的三位阀，阀体通用，仅阀芯台肩结构、尺寸及内部通孔情况有区别。

表 2－3 列出了三位四通换向阀常用的五种中位机能。

表 2－3　三位四通换向阀常用的中位机能

机构代号	结构原理图	中位图形符号	机能特点和作用
O	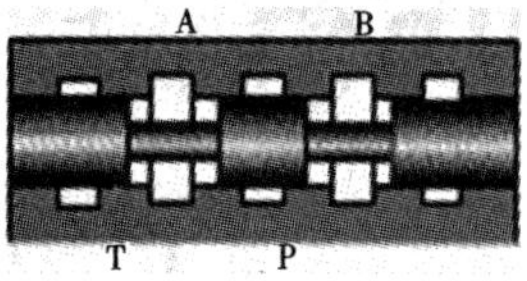	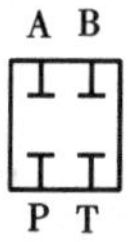	各出口全部封闭，缸两腔封闭，系统不卸荷，液压缸充满油，从静止到启动平稳；制动时运动惯性引起液压冲击较大；换向位置黏度高
P	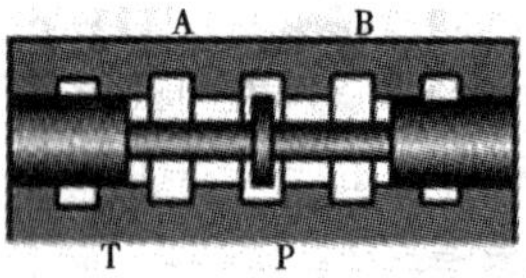		压力油口 P 与缸 A、B 连通，可形成差动回路，回油口封闭，从静止到启动较平稳；制动时缸两腔均通压力油，故制动平稳；换向位置变化比 H 型小，应用广泛
H	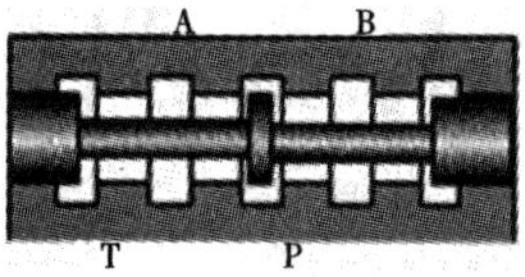		各油口全部连通，系统卸荷，缸成浮动状态，液压缸两腔接油箱，从静止到启动有冲击；制动时油口互通，故制动较 O 型平稳；但换向位置变动大
Y	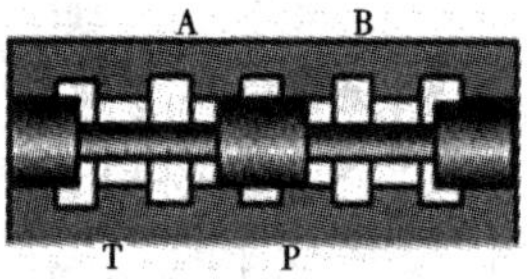		油泵不卸荷，P 口封闭，A、B、T 口相通，液压缸浮动；由于缸两腔接油箱，从静止到启动有冲击，制动性能介于 O 型与 B 型之间
K	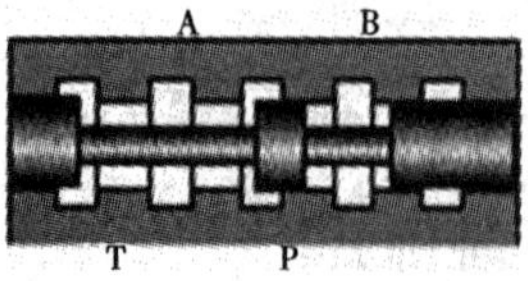		油泵卸荷，液压缸一腔封闭、一腔接回油，两个方向换向时性能不同

续表

机构代号	结构原理图	中位图形符号	机能特点和作用
M			油泵卸荷，缸 A、B 两腔封闭，从静止到启动较平稳；制动性能与 O 型相同；可用于油泵卸荷液压缸锁紧的液压回路中
X			各油口半开启接通，P 口保持一定的压力；换向性能介于 O 型和 H 型之间

3. 几种常用的换向阀

1）机动换向阀

机动换向阀又称行程阀。它一般是利用安装在运动部件上的行程挡块，压下顶杆或滚轮，使阀芯移动，来实现油路切换的。机动换向阀常为二位阀，用弹簧复位，有二通、三通、四通等，二位二通又分常开（常态位置两油口连通）和常闭（常态位置两油口不通）两种形式。

图 2-7(a)所示为二位二通常闭式机动换向阀。在图示状态（常态）下，阀芯 2 被弹簧 3 顶向上端，油口 P 和 A 不通。当挡块压下滚轮 1 经推杆使阀芯移到下端时，油口 P 和 A 连通。图 2-7(b)为其图形符号。

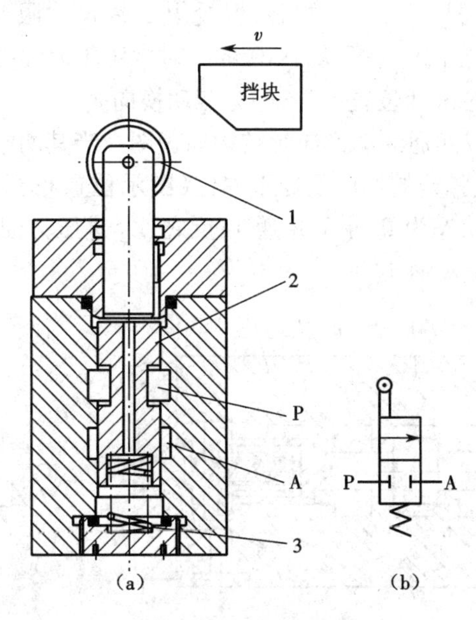

图 2-7　机动换向阀

(a)结构原理图　(b)图形符号

1—滚轮；2—阀芯；3—弹簧

2)电磁换向阀

如图2－8(a)所示为三位四通电磁换向阀结构图。阀的两端各有一个电磁铁和一个对中弹簧。阀芯在常态时处于中位。当右端电磁铁通电时,右衔铁6通过推杆将阀芯4推至左端,阀右位工作,油口P通B,A通T;当左端电磁铁通电时,阀芯移至右端,阀左位工作,油口P通A,B通T。图2－8(b)为三位四通电磁换向阀的图形符号。

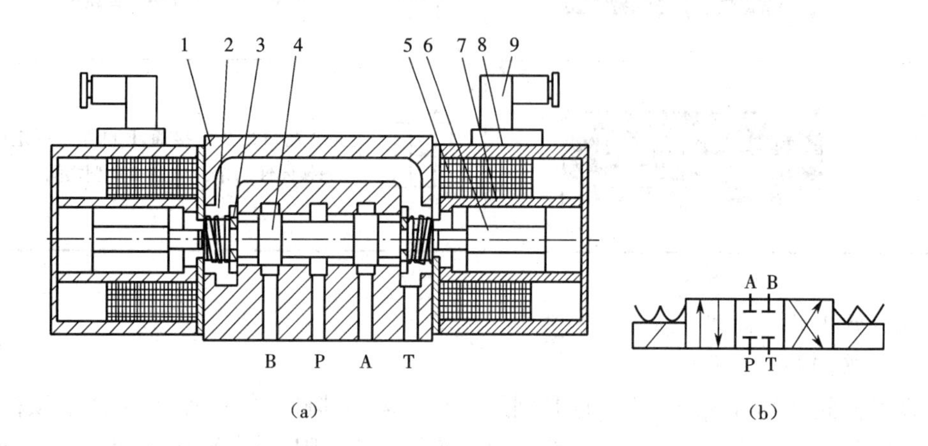

图2－8　三位四通电磁换向阀

(a)结构原理图　(b)图形符号

1—阀体;2—弹簧;3—弹簧座;4—阀芯;5—线圈;6—衔铁;7—隔套;8—壳体;9—插头组件

3)液动换向阀

电磁换向阀布置灵活,易实现程序控制,但受电磁铁尺寸限制,难以用于切换大流量(63 L/min以上)的油路。当阀的通径大于10 mm,时常用压力油操纵阀芯换位。这种利用控制油路的压力油推动阀芯改变位置的阀,即为液动换向阀。

图2－9(a)所示为三位四通液动换向阀结构原理图。当其两端控制油口K_1和K_2均不通入压力油时,阀芯在两端弹簧的作用下处于中位(图示位置);当K_1进压力油,K_2接油箱时,阀芯移至右端,其通油状态为P通A,B通T;反之,K_2进压力油,K_1接油箱时,阀芯移至左端,其通油状态为P通B,A通T。

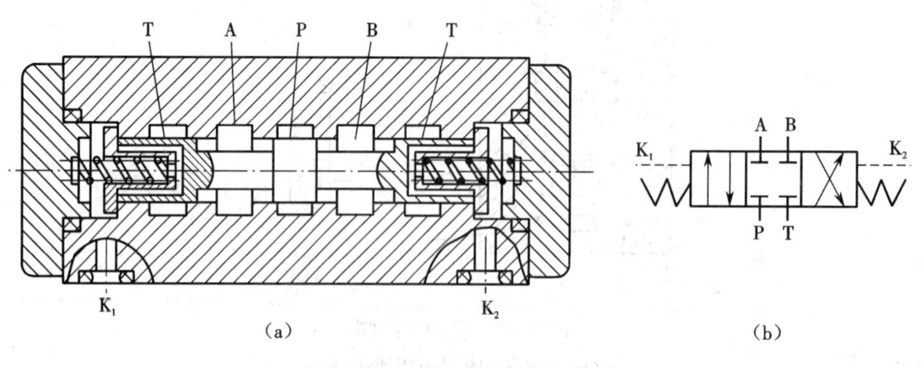

图2－9　三位四通液动换向阀

(a)结构原理图　(b)图形符号

4）电液换向阀

电液换向阀是由电磁阀和液动换向阀结合在一起构成的一种组合式换向阀。在电液换向阀中，电磁阀起先导控制作用（称先导阀），液动换向阀则控制主油路换向（称主阀）。图2－10（a）所示为三位四通电液换向阀的结构简图，上面是电磁阀（先导阀），下面是液动换向阀（主阀）。其工作原理可用详细图形符号加以说明，如图2－10（b）所示。常态时，先导阀和主阀皆处于中位。

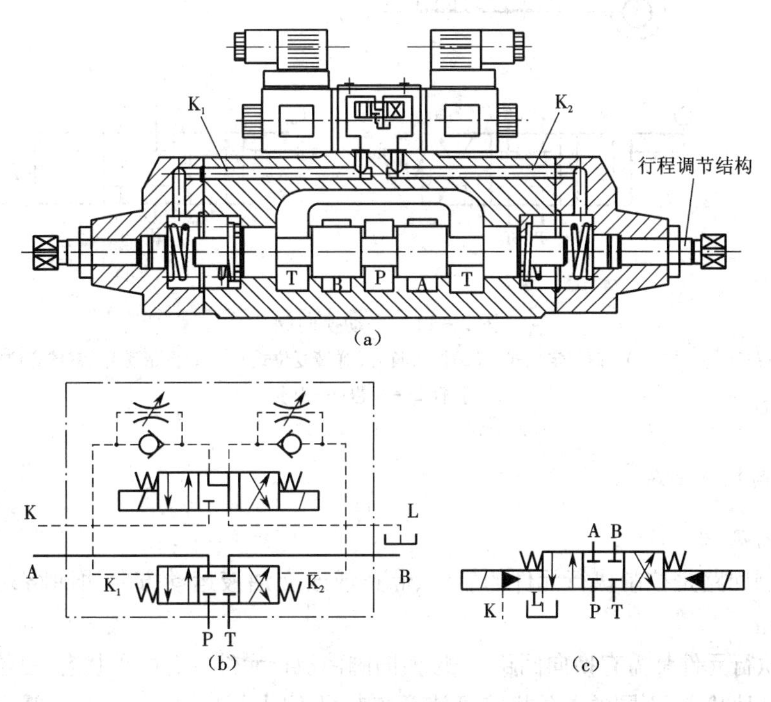

图2－10　三位四通电液换向阀

（a）结构简图　（b）工作原理　（c）图形符号

主油路中，A、B、P、T油口均不相通。当左电磁铁通电时，先导阀左位工作，控制油由K经先导阀到主阀芯左端油腔，操纵主阀芯右移，使主阀也切换至左位工作，主阀芯右端油腔回油经先导阀及泄油口L流回油箱。此时，主油路油口P与A、B与T相通。同理，当先导阀右电磁铁通电时，主油路油口换接，P与B、A与T相通，实现了油液换向。图2－10（c）为电液换向阀的图形符号。若在液动换向阀的两端盖处加调节螺钉，则可调节液动换向阀阀芯移动的行程和各主阀口的开度，从而改变通过主阀的流量，对执行元件起粗略的速度调节作用。

5）手动换向阀

手动换向阀是用手动杆操纵阀芯换位的换向阀。图2－11（a）为自动复位式手动换向阀，放开手柄1，阀芯2在弹簧3的作用下自动回复中位。如果将该阀阀芯右端弹簧3的部位改为图2－11（b）的形式，即可成为可在三个位置定位的手动换向阀，图2－11（c）、（d）分别为其图形符号。手动换向阀结构简单、动作可靠，常用于持续时间较短且要求人工控制的场合。

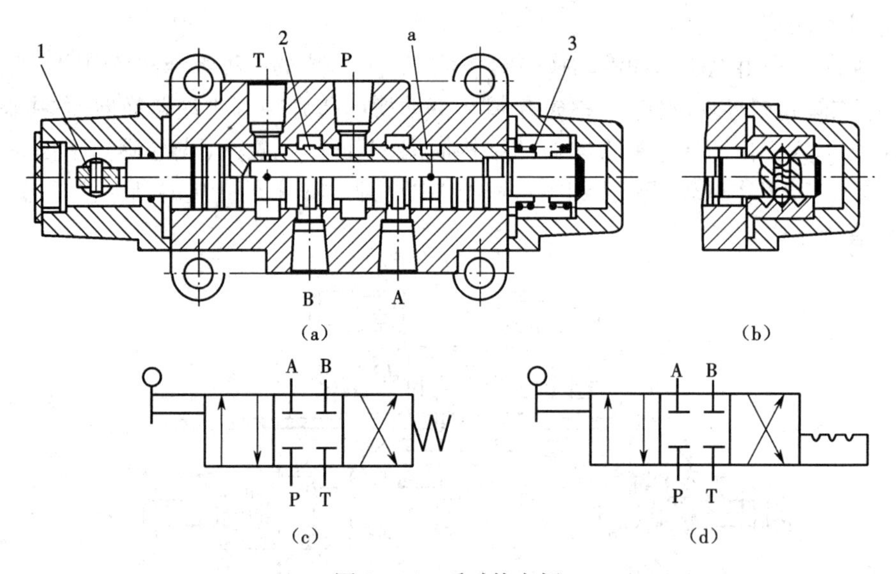

图 2-11 手动换向阀

(a)弹簧复位式 (b)钢球定位式 (c)图形符号(弹簧复位式) (d)图形符号(钢球定位式)

1—手柄;2—阀芯;3—弹簧

(二)方向控制回路

1. 换向回路

方向控制回路是控制执行元件的启动、停止或改变油液运动方向的回路,有换向、锁紧和制动等回路。

所有的执行元件都需有换向回路,二位换向阀使执行元件具有两种状态,三位换向阀使执行元件具有三种状态,不同的中位机能可使系统获得不同性能。单作用缸只需采用三通阀实现换向,双作用缸必须采用四通或五通阀换向。电磁换向阀、电液换向阀易实现自动控制,但不宜频繁换向;机动阀的换向频率不受限制,但当执行元件速度很低时,会出现换向死点。

2. 锁紧回路

为了使工作部件能在任意位置停留以及在停止工作时防止在受力的情况下发生移动,可以采用锁紧回路。

图 2-15 所示为采用 O 型换向阀组成的液压锁紧回路。这种采用 O 型换向阀的锁紧回路,由于滑阀式换向阀不可避免地存在泄漏,密封性能较差,锁紧效果较差,故只适用于短时间的锁紧回路或锁紧程度要求不高的场合。

图 2-15 是采用液控单向阀组成的锁紧回路,在液压缸的进、回油路中都串接液控单向阀(又称液压锁),活塞可以在行程的任何位置锁紧。其锁紧精度只受液压缸内少量的内部泄漏影响,因此锁紧精度较高。若换向阀采用 O 型,在换向阀中位时,由于液控单向阀的控制腔压力油被闭死而不能使其立即关闭,直至由换向阀的内部泄油使控制腔泄压后,液控单向阀才能关闭,影响其锁紧精度。

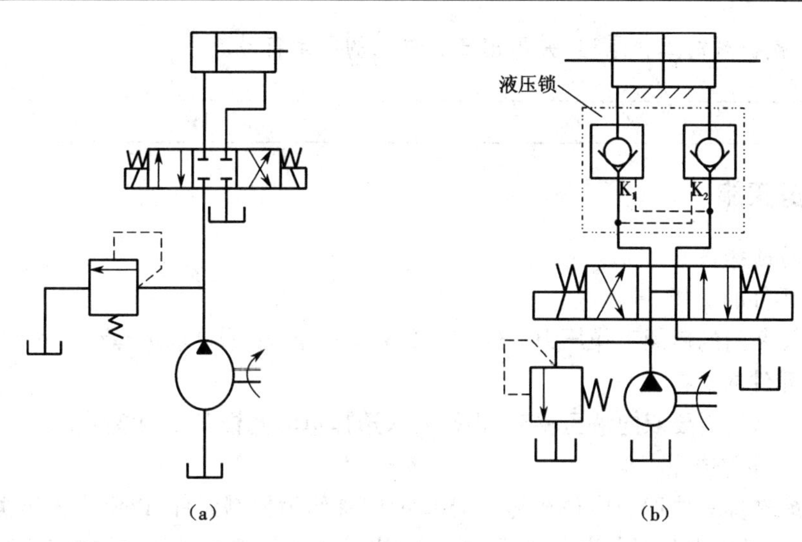

图2-15　锁紧回路

(a)O型换向阀组成的锁紧回路　(b)液控单向阀组成的液压锁紧回路

1. 液压控制阀按其用途可分为＿＿＿＿＿＿、＿＿＿＿＿＿和＿＿＿＿＿＿三大类，分别调节、控制液压系统中液流的＿＿＿＿＿＿、＿＿＿＿＿和＿＿＿＿＿。

2. 中位机能是(　　)型的换向阀在中位时可实现系统卸荷。

A. M　　B. P　　C. O　　D. Y

3. 单向阀的作用是什么？包含哪些主要结构？

＿＿＿＿＿＿＿＿＿＿＿＿＿＿＿＿＿＿＿＿＿＿＿＿＿＿＿＿＿＿

4. 换向阀的作用是什么？

＿＿＿＿＿＿＿＿＿＿＿＿＿＿＿＿＿＿＿＿＿＿＿＿＿＿＿＿＿＿

5. 什么是换向阀的中位机能？

＿＿＿＿＿＿＿＿＿＿＿＿＿＿＿＿＿＿＿＿＿＿＿＿＿＿＿＿＿＿

6. 换向阀的控制方式都有哪些？

＿＿＿＿＿＿＿＿＿＿＿＿＿＿＿＿＿＿＿＿＿＿＿＿＿＿＿＿＿＿

7. 常见的方向控制元件都包含哪些？

＿＿＿＿＿＿＿＿＿＿＿＿＿＿＿＿＿＿＿＿＿＿＿＿＿＿＿＿＿＿

8. 探寻单向阀的工作原理，并画出图形符号。

＿＿＿＿＿＿＿＿＿＿＿＿＿＿＿＿＿＿＿＿＿＿＿＿＿＿＿＿＿＿

＿＿＿＿＿＿＿＿＿＿＿＿＿＿＿＿＿＿＿＿＿＿＿＿＿＿＿＿＿＿

9. 探寻液控单向阀的工作原理，并画出图形符号。

＿＿＿＿＿＿＿＿＿＿＿＿＿＿＿＿＿＿＿＿＿＿＿＿＿＿＿＿＿＿

＿＿＿＿＿＿＿＿＿＿＿＿＿＿＿＿＿＿＿＿＿＿＿＿＿＿＿＿＿＿

10. 探寻换向阀的工作原理，并画出三种以上的图形符号。

三、任务实施

1. 元件的选择

1）动力元件的选择

此液压关断门的启闭工作压力一般在2.5 MPa以下，根据要求选择动力元件为齿轮泵。

2）执行元件的选择

关断门的启闭需要双向液压驱动，根据要求选择单活塞杆双作用液压缸。

3）控制元件的选择

可以考虑选择三位四通中位机能为O型换向阀作为控制元件，以满足液压关断门的工作要求，换向阀处在左位时关断门关闭，处在中位时关断门停止动作，处在右位时关断门打开。

2. 任务实施

1）回路的设计

液压关断门控制回路如图2－16所示。

设计时的注意事项：

(1)省去不必要的元件，简化系统结构；

(2)提高系统效率，防止系统过热；

(3)使系统经济合理，便于检测检修；

(4)使用标准件。

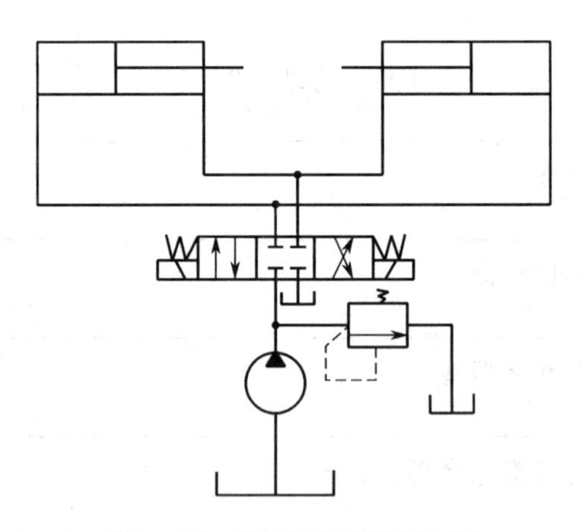

图2－16　液压关断门控制回路

2）回路的连接

按图2－17连接回路。

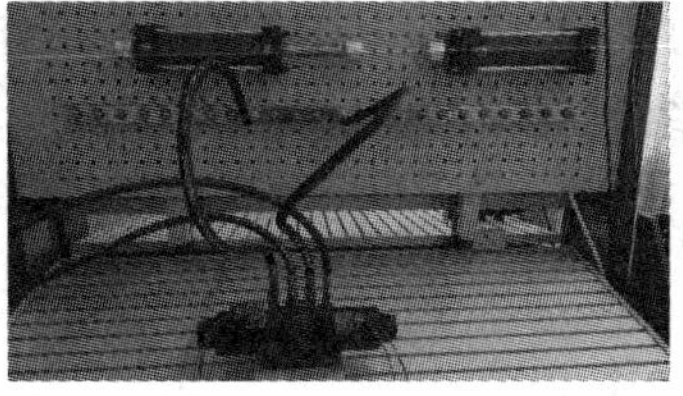

图 2－17　回路连接

四、学习小结

任务二　压力控制回路连接与调试

一、任务引入

液压系统的工作压力取决于外界负载，在某一工厂的货物升降台（图 2－18）上，由于货物的质量不同，发现升降台的上升速度随着货物质量的增加在不断变慢。试着设计一种使液压系统有稳定工作压力的回路，不受货物质量的影响，能够保持一定的上升速度，同时为了保证系统安全，当系统过载时能够有效卸荷。那么，作为一名工厂的技术人员，应该如何设计这个回路呢？

图 2－18　货物升降台

本任务要求在学习设计液压系统压力控制回路的过程中实现以下目标：

(1)建立对压力控制元件的认识,掌握压力控制阀的工作原理;

(2)压力控制回路的识读、组建。

二、相关知识

(一)压力控制阀

压力控制阀是控制液压系统压力或利用压力变化来实现某种动作的阀的统称。这类阀的共同特点是利用阀芯上液体压力与弹簧力相平衡的原理来进行工作。其按用途不同可分为溢流阀、顺序阀、减压阀和压力继电器等。

1. 溢流阀

1)溢流阀的结构和工作原理

溢流阀按其结构原理可分为直动式和先导式。直动式用于低压系统,先导式用于中、高压系统。

A. 直动式溢流阀

直动式溢流阀的结构和工作原理如下。

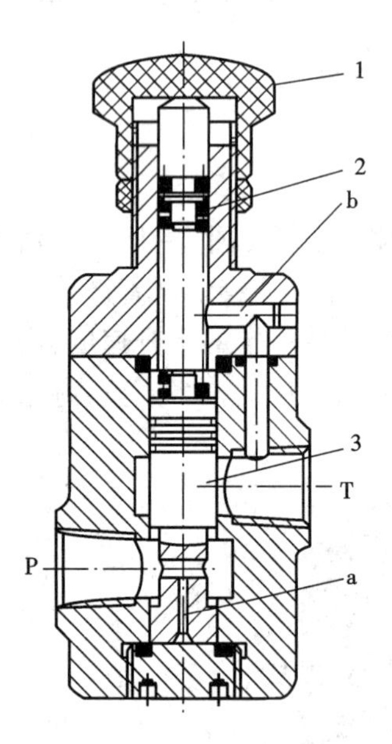

图 2-19 直动式溢流阀

1—螺母;2—弹簧;3—阀芯

在图 2-19 中,来自进油口 P 的压力油经阀芯 3 上的径向孔和阻尼孔 a 通入阀芯的底部,阀芯的下端便受到压力为 p 的油液的作用,若作用面积为 A,则压力油作用于该面上的力为 pA。调压弹簧 2 作用在阀芯上的预紧力为 F_s。当进油压力较小($pA < F_s$),阀芯处于下端(图示)位置,将进油口 P 和回油口 T 隔开,即不溢流。随着进油压力升高,当 $pA = F_s$ 时,阀芯即将开启;当 $pA > F_s$ 时,阀芯上移,弹簧进一步被压缩,油口 P 和 T 相通,溢流阀开始溢流。当溢流阀稳定工作时,若不考虑阀芯的重力、摩擦力和液动力的影响,则 $p = F_s / A$,由于 F_s 变化不大,故可以认为溢流阀进口处的压力 p 基本保持恒定,这时溢流阀起定压溢流作用。调节螺母 1 可以改变弹簧的预压缩量,从而调整溢流阀的溢流压力。阻尼孔 a 的作用是增加液阻以减小滑阀(移动过快而引起)的振动。泄油口 b 可将泄漏到弹簧腔的油液引到回流口 T。

这种溢流阀因压力油直接作用于阀芯,故称直动式溢流阀。直动式溢流阀一般只能用于低压小流量时,因控制较高压力和较大结构流量需要刚度较大的调压弹簧,不但手动调节困难,而且溢流阀口开度(调压弹簧附加压缩量)略有变化便引起较大的压力变化。直动式溢流阀的最大调整压力为 2.5 MPa。

B. 先导式溢流阀

先导式溢流阀的结构和工作原理如下。

图 2-20 为先导式溢流阀。该阀由先导阀和主阀两部分组成。压力油从进油口(图中未示出)进入进油腔 P 后,经主阀阀芯 5 的轴向孔 f 进入主阀阀芯的下端,同时油液又经阻

尼孔 e 进入主阀阀芯上端，再经孔 c 和 b 作用于先导阀的锥阀阀芯 3 上，设此时远程控制口 K 不接通。当系统压力较低时，先导阀关闭，主阀阀芯两端压力相等，主阀阀芯在平衡弹簧的作用下处于最下端（图示位置），主阀溢流口封闭。当系统压力升高，主阀上腔压力也随之升高，直至大于先导阀调压弹簧 2 的调定压力时，先导阀被打开，主阀上腔的压力油经锥阀阀口、孔 a、油腔 T 流回油箱。由于阻尼孔 e 的作用，在主阀阀芯两端形成一定压力差的作用下，克服平衡弹簧的弹力而上移，主阀溢流阀口开启，P 和 T 接通实现溢流作用。调节螺母 1 即可调节调压弹簧 2 的预压缩量，从而调整系统压力。

在先导式溢流阀中，先导阀用于控制和调节流溢压力，主阀通过控制流溢口的启闭而稳定压力。由于需要通过先导阀的流量较小，锥阀的阀孔尺寸也较小，调压弹簧的刚度也就不大，因此调压比较轻便。主阀阀芯因两端均受油液压力的作用，平衡弹簧只需很小刚度，当溢流量变化而引起主阀平衡弹簧压缩量变化时，溢流阀所控制的压力变化也就较小，因此先导式溢流阀稳定性能优于直动式流溢阀。但先导式溢流阀必须在先导阀和主阀都动作后才能控制压力的作用，因此不如直动式溢流阀反应快。远程控制口 K 在一般情况下是不用的，若 K 口接远程调压阀，就可以对主阀进行远程控制。K 口接二位二通阀，通油箱，可使泵卸荷。

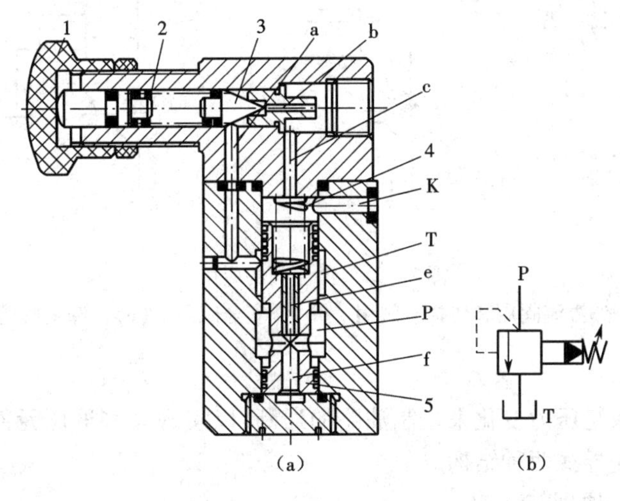

图 2 – 20　先导式溢流阀

(a)结构原理图　(b)图形符号

1—调整螺母；2—调压弹簧；3—先导阀锥阀阀芯；4—主阀弹簧；5—主阀阀芯

2）溢流阀的应用

根据溢流阀在液压系统中所起的作用，溢流阀可作溢流阀、安全阀、卸荷阀和背压阀使用。

A. 作溢流阀用

在采用定量泵供油的液压系统中，由流量控制阀调节进入执行元件的流量，定量泵输出的多余油液则从溢流阀流回油箱。在工作过程中，溢流阀口常开，系统的工作压力由溢流阀调整并保持基本恒定，如图 2 – 21(a)所示的溢流阀 1。

B. 作安全阀用

图 2 – 21(b)为一变量泵供油系统，执行元件速度由变量泵自身调节，系统中无多余油

液，系统工作压力随负载变化而变化。正常工作时，溢流阀口关闭。一旦过载，溢流阀口立即打开，使油液流回油箱，系统压力不再升高，以保障系统安全。

C. 作卸荷阀用

如图 2－21(c)所示，将先导式溢流阀远程控制口 K 通过二位二通电磁阀与油箱连接。当电磁铁断电时，远程控制口 K 被堵塞，溢流阀起溢流稳压作用。当电磁铁通电时，远程控制口 K 通油箱，溢流阀的主阀阀芯上端压力接近于零，此时溢流阀口全开，回油阻力很小，泵输出的油液便在低压下经溢流阀口流回油箱，使液压泵卸荷，而减小系统功率损失，故溢流阀起卸荷作用。

D. 作背压阀用

如图 2－21(a)所示的溢流阀 2 接在回油路上，可对回油产生阻力，即形成背压，利用背压可提高执行元件的运动平稳性。

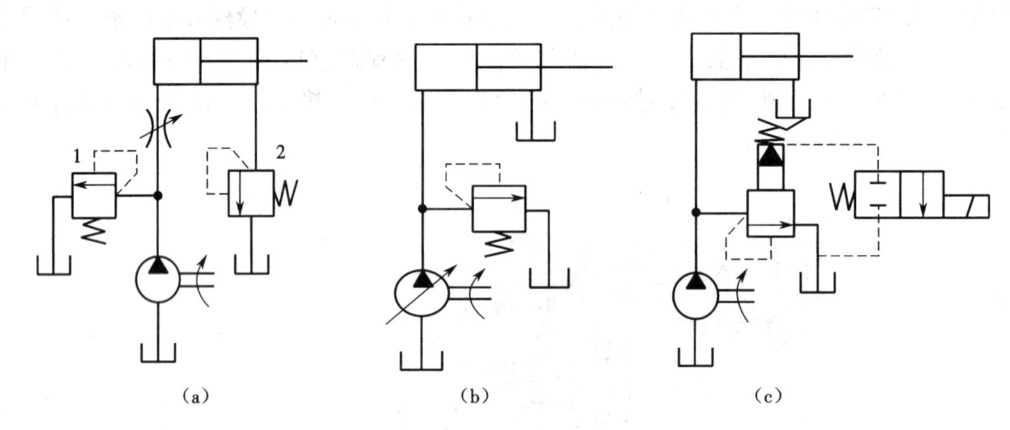

图 2－21　溢流阀的应用

(a)作溢流阀用和作背压阀用　(b)作安全阀用　(c)作卸荷阀用

2. 顺序阀

顺序阀是利用系统压力变化来控制油路的通断，以实现某些液压元件的顺序动作。顺序阀也有直动式和先导式两种结构。

1)顺序阀的工作原理与结构

顺序阀的工作原理和溢流阀相似，其主要区别在于溢流阀的出口接油箱，而顺序阀的出口接执行元件。顺序阀的内泄漏油不能用通道与出油口相连，而必须用专门的泄油口接通油箱。

图 2－22(a)所示为直动式顺序阀常态下，进油口 P_1 与出油口 P_2 不通。进口油液经阀体 3 和下盖 1 上的油道流到控制活塞 2 的底部，当进口油液压力低于弹簧 5 的调定压力时，阀口关闭；当进口压力高于弹簧调定压力时，控制活塞在油液压力作用下克服弹簧力将阀芯 4 顶起，使 P_1 与 P_2 相通，压力油便可经阀口流出。弹簧腔的泄漏油从泄油口 L 流回油箱。因顺序阀的控制油液直接从进油口引入，故称为内控外泄式顺序阀，其图形符号如图 2－22(b)所示。

若将图 2－22(a)中的下盖 1 旋转 90°或 180°安装，切断原控油路，将外控口 K 的螺塞取下，接通控制油路，则阀的开启由外部压力油控制，便构成外控外泄式顺序阀，其图形符号

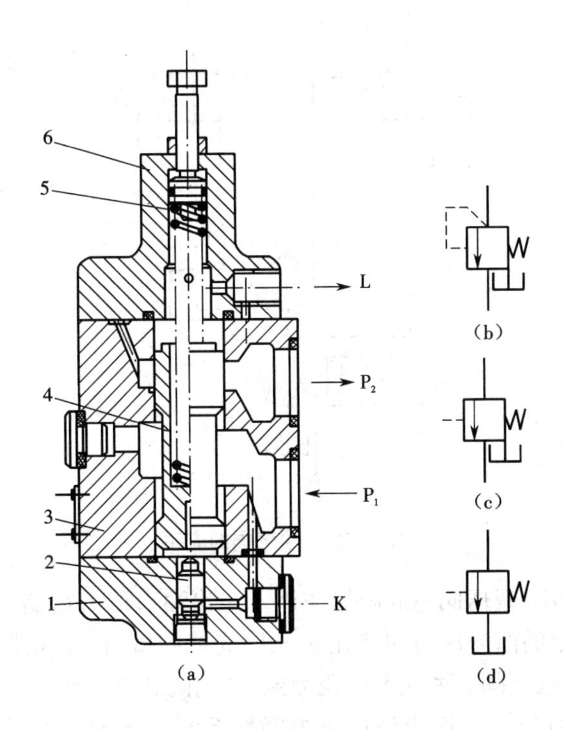

图 2 - 22　直动式顺序阀

(a)结构原理图　(b)内控外泄式图形符号　(c)外控外泄式图形符号　(d)外控内泄式图形符号

1—下盖;2—活塞;3—阀体;4—阀芯;5—弹簧;6—上盖

如图 2 - 22(c)所示。若再将上盖 6 旋转 180°安装,并将外泄口 L 堵塞,则弹簧腔与出油口相通,构成外控内泄式顺序阀,其图形符号如图 2 - 22(d)所示。

2)顺序阀的应用

图 2 - 23 是用顺序阀实现工件先定位后夹紧的顺序动作回路,当换向阀右位工作时,压力油首先进入定位缸下腔,完成定位动作以后,系统压力升高,达到顺序阀调定压力(为保证工作可靠,顺序阀的调定压力应比定位缸最高工作压力高 0.15 ~ 0.8 MPa)时,顺序阀打开,压力油经顺序阀进入夹紧缸下腔,实现液压夹紧。当换向阀左位工作时,压力油同时进入定位缸和夹紧缸上腔,拔出定位销,松开工件,夹紧缸通过单向阀回油。此外,顺序阀还用作卸荷阀、平衡阀、背压阀。

3. 减压阀

减压阀主要用来使液压系统某一支路获得较液压泵供油压力低的稳定压力。减压阀也有直动式和先导式之分,先导式减压阀应用较多。

1)减压阀的工作原理与结构

图 2 - 24 为先导式减压阀结构图。它在结构上和先导式溢流阀类似,也由先导阀和主阀两部分组成。压力油从阀的进油口(图中未示出)进入进油腔 P_1,经减压阀口 g 减压后,再从出油腔 P_2 和出油口流出。出油腔压力油经小孔 f 进入主阀阀芯 5 的下端,同时经阻尼小孔 e 流入主阀阀芯上端,再经孔 c 和 b 作用于锥阀阀芯 3 上。当出油口压力较低时,先导阀关闭,主阀阀芯两端压力相等,主阀阀芯被平衡弹簧 4 压在最下端(图示位置),减压阀口

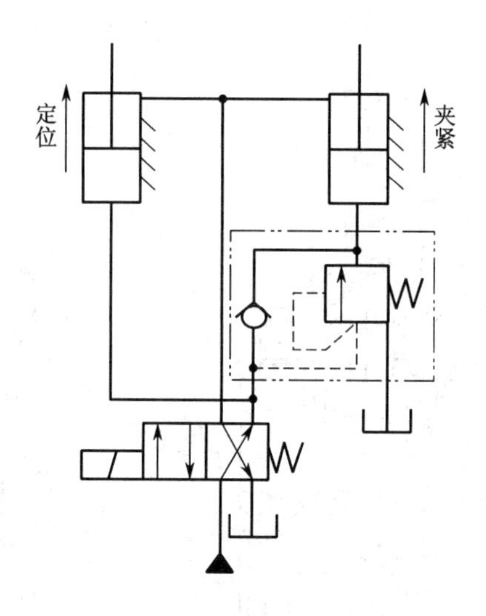

图 2－23　顺序阀的应用

开度为最大，压降为最小，减压阀不起减压作用。当出油口压力达到先导阀的调定压力时，先导阀开启，此时 P_2 腔的部分压力油经孔 e、c、b、先导阀口、孔 a 和泄漏口 L 流回油箱。由于阻尼小孔 e 的作用，主阀阀芯两端产生压力差，主阀阀芯便在此压力差作用下克服平衡弹簧的弹力上移，减压阀口减小，使出油口压力降低至调定压力。由于外界干扰（如负载变化）使出油口压力变化时，减压阀将会自动调整减压阀口的开度以保持出油压力稳定。调节螺母 1 即可调节调压弹簧 2 的预压缩量，从而调定减压阀出油口压力。中压先导式阀的调压范围为 0.5～6.3 MPa，适用于中、低压系统。

2）减压阀的应用

减压阀在夹紧油路、控制油路和润滑油路中应用较多。图 2－25 是减压阀用于夹紧油路的原理图，液压泵除供给主油路压力油外，还经分支路上的减压阀为夹紧缸提供较泵供油压力低的稳定压力油，其夹紧力大小由减压阀来调节控制。

4. 压力继电器

压力继电器是将油液的压力信号转变为电信号的转换元件。它利用液压系统压力的变化来控制电路的接通或断开，以实现自动控制或安全保护。

压力继电器种类很多，图 2－26 所示为单柱塞式压力继电器。压力油从油口 P 进入压力继电器，作用在柱塞 1 底部，当系统压力达到调定压力时，作用在柱塞上的液压力克服弹簧力，推动顶杆 2 上移，使微动开关 4 的触点闭合发出电信号。调节螺钉 3 可改变弹簧的压缩量，相应就调节了发出电信号时的控制油压力。当系统压力降低时，在弹簧力作用下，柱塞下移，压力继电器复位切断电信号。压力继电器发出信号时的压力称为开启压力，切断电信号时的压力称为闭合压力。由于摩擦力的作用，开启压力高于闭合压力，其差值称为压力继电器的灵敏度，差值小则灵敏度高。

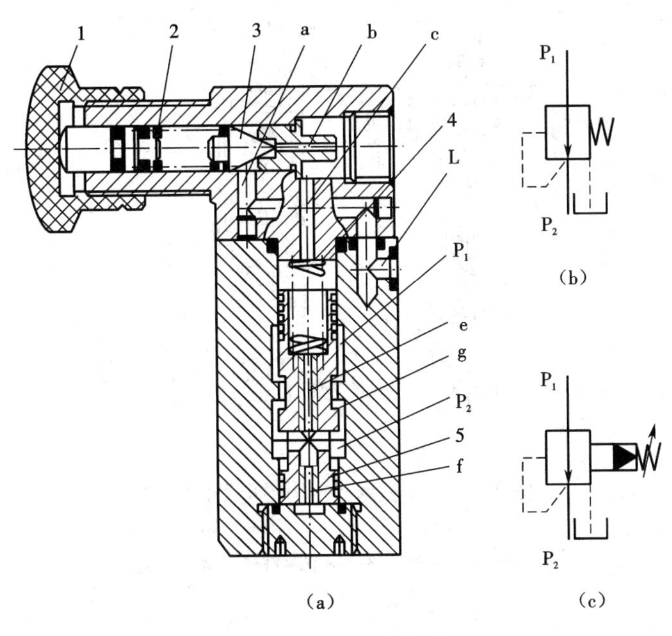

图 2－24　减压阀结构

(a)结构原理图　(b)减压阀的一般符号　(c)先导式减压阀图形符号

1—螺母;2—调压弹簧;3—先导锥阀阀芯;4—平衡弹簧;5—主阀阀芯

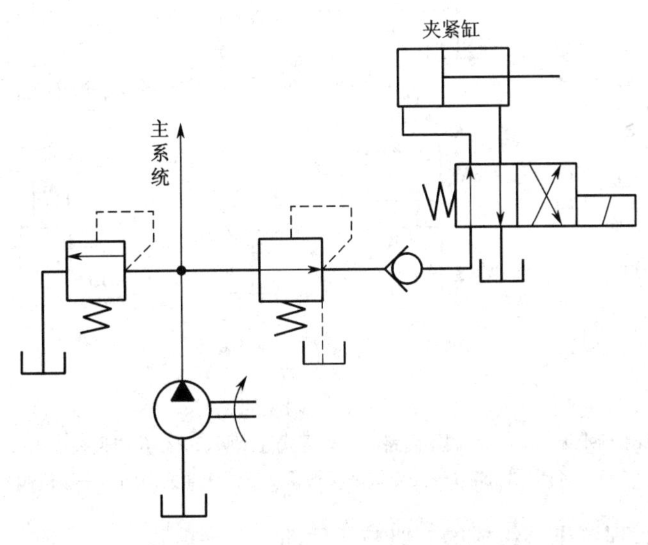

图 2－25　减压阀的应用

(二)压力控制回路

1. 调压回路

调压回路的功用是使液压系统整体或某一部分的压力保持恒定或不超过某个限定值。常用的调压回路类型有单级调压回路、二级调压回路、三级调压回路，如图 2－27 所示。

1)减压回路

使系统中的某一部分油路或某个执行元件获得比系统压力低的稳定压力。图 2－28 所

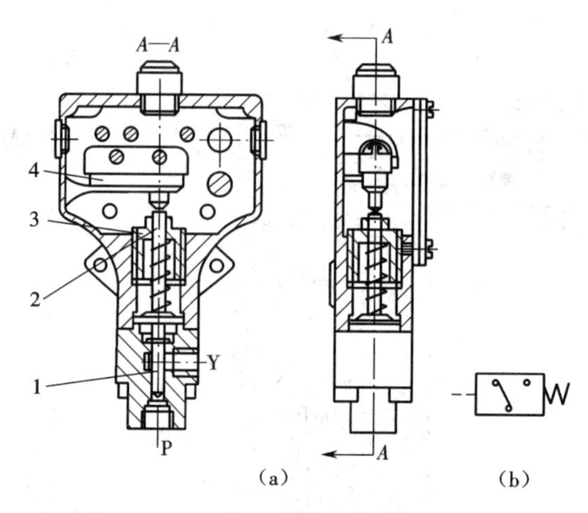

图2－26 单柱塞式压力继电器的结构

(a)结构原理图 (b)图形符号

1—柱塞;2—顶杆;3—调节螺钉;4—微动开关

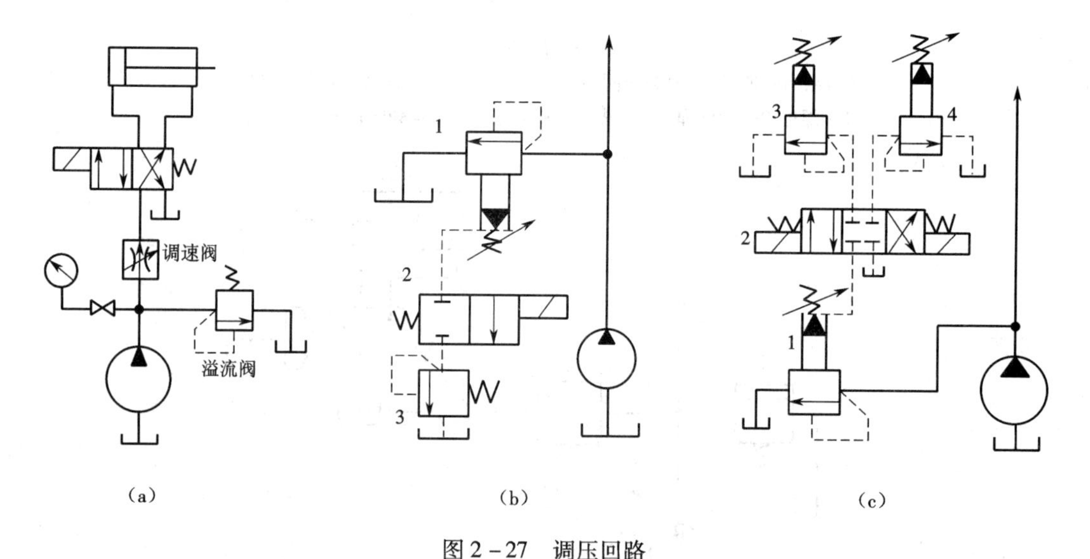

图2－27 调压回路

(a)单级调压回路 (b)二级调压回路(1—先导式溢流阀,2—二位二通换向阀,3—溢流阀)

(c)三级调压回路(1—先导式溢流阀,2—三位四通换向阀,3—溢流阀)

示为由减压阀和远程调压阀组成的二级减压回路。

为了保证减压回路的工作可靠性,减压阀的最低调整压力不应小于0.5 MPa,最高调整压力至少比系统调整压力小0.5 MPa。必须指出的是,负载在减压阀出口处所产生的压力应不低于减压阀的调定压力,否则减压阀不可能起到减压、稳压作用。图2－28中,远程调压阀5的调整压力必须低于减压阀3的调整压力,才能实现二级减压,并且减压阀的调整压力应低于溢流阀2的调整压力,才能起减压作用保证减压阀正常工作。

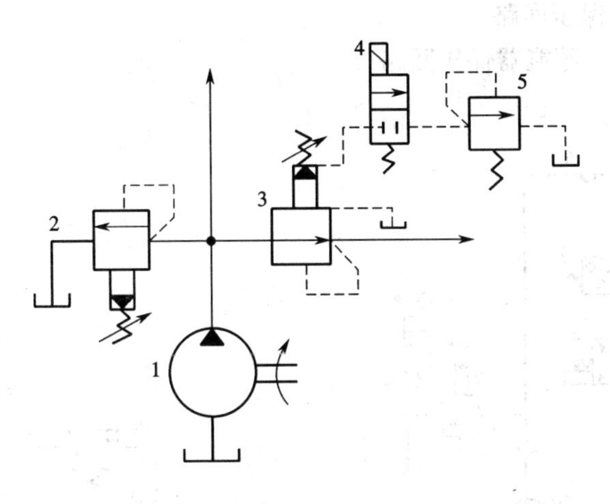

图 2－28　二级减压回路

2）增压回路

增压回路包括单向增压回路和连续增压回路，分别如图 2－29 和图 2－30 所示。

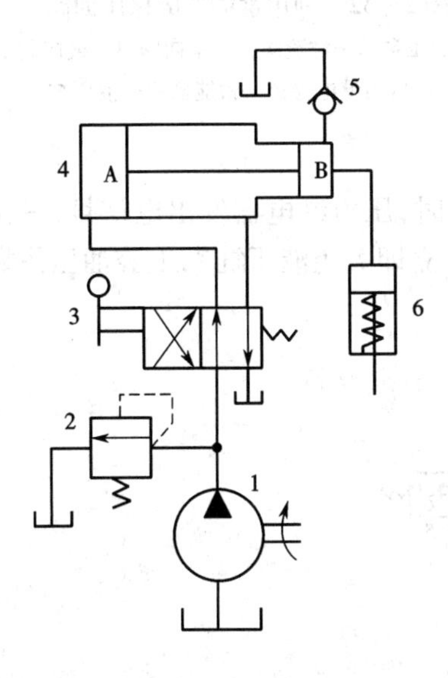

图 2－29　单向增压回路

1—液压泵；2—溢流阀；3—换向阀；
4—增压缸；5—单向阀；6—液压缸

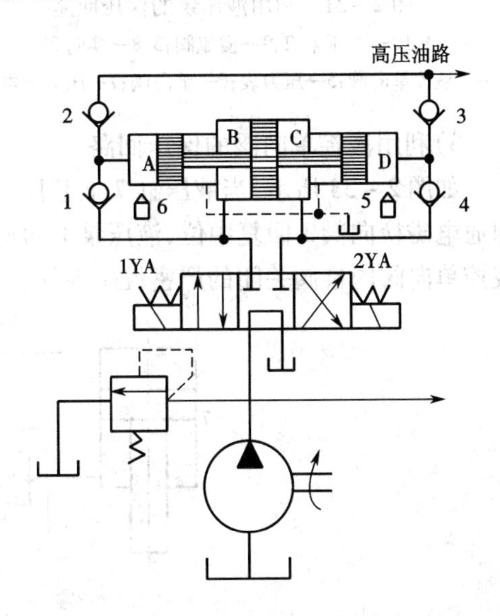

图 2－30　连续增压回路

1、2、3、4—单向阀；5、6—换向阀电气控制装置

单向增压回路只能供给断续的高压油，因此它只适用于行程较短的、单向作用力很大的液压缸。连续增压回路是一个双作用增压缸，并采用电气控制的自动换向回路，依靠换向阀不断换向即可连续输出高压油。

2. 保压回路

1）利用液压泵的保压回路

在大流量、高压系统中，常采用专门的液压泵进行保压，如图 2－31 所示。

2）利用蓄能器的保压回路

如图 2－32 所示为蓄能器保压回路 。

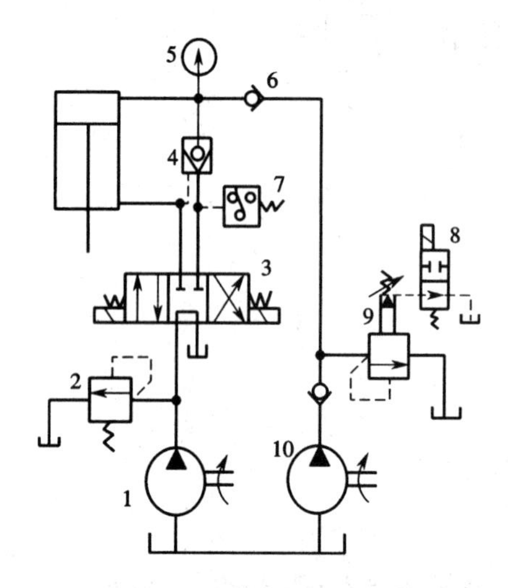

图 2－31　利用液压泵的保压回路

1、10—液压泵；2、9—溢流阀；3、8—换向阀；4—液控单向阀；5—压力表；6—单向阀；7—压力继电器

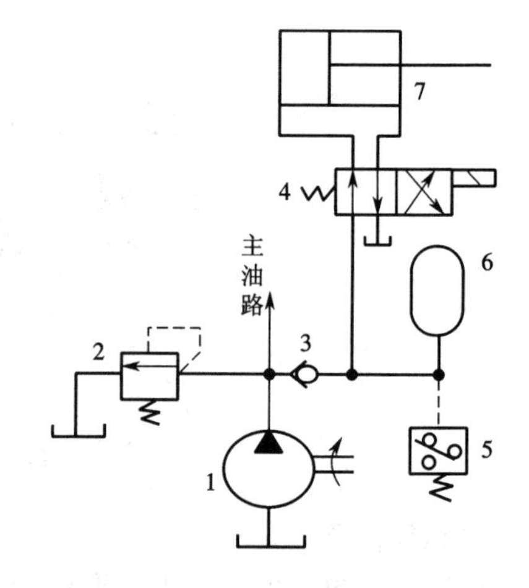

图 2－32　利用蓄能器的保压回路

1—液压泵；2—溢流阀；3—单向阀；4—换向阀；5—压力继电器；6—蓄能器；7—液压缸

3）利用液控单向阀的保压回路

如图 2－33 所示，当液压缸 7 上腔压力达到保压数值时，压力继电器发出电信号，三位四通电磁换向阀 3 回复中位，液压泵 1 卸荷，液控单向阀 6 立即关闭液压缸 7，上腔油压依靠液控单向阀内锥阀关闭的严密性来保压。

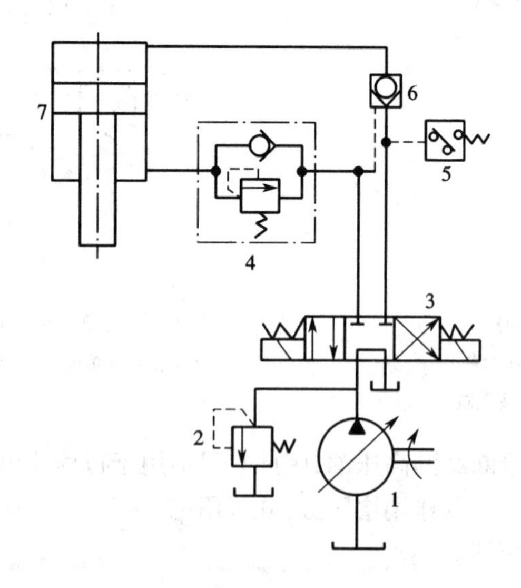

图 2－33　利用液控单向阀的保压回路

1—液压泵；2—溢流阀；3—电磁换向阀；4—单向顺序阀；5—压力继电器；6—液控单向阀；7—液压缸

3. 背压回路

执行元件回油路上的压力称为背压。背压回路如图 2－34 所示。

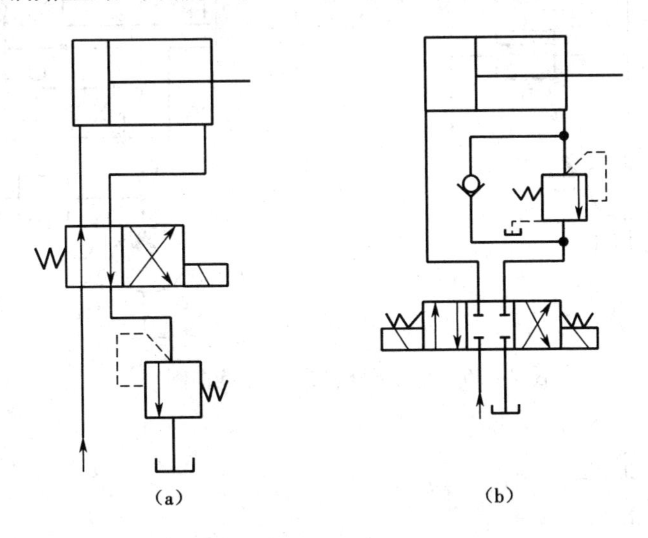

图 2－34　背压回路

(a)双向背压回路　(b)单向背压回路

4. 卸荷回路

1)采用换向阀的卸荷回路

(1)采用三位四通(五通)换向阀的卸荷回路如图 2－35 所示。

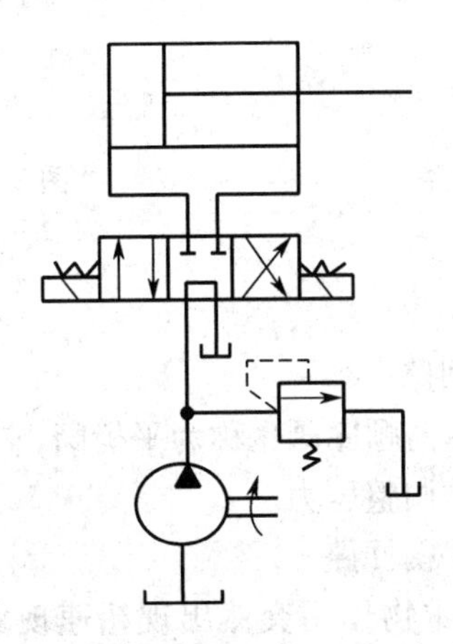

图 2－35　卸荷回路(三位四通换向阀)

(2)采用二位二通换向阀的卸荷回路如图 2－36 所示。

2)采用溢流阀的卸荷回路

如图 2－37 所示是用先导式溢流阀和小流量二位二通电磁换向阀组成的卸荷回路。

3)采用卸荷阀的卸荷回路

如图 2－38 所示为采用卸荷阀的卸荷回路。

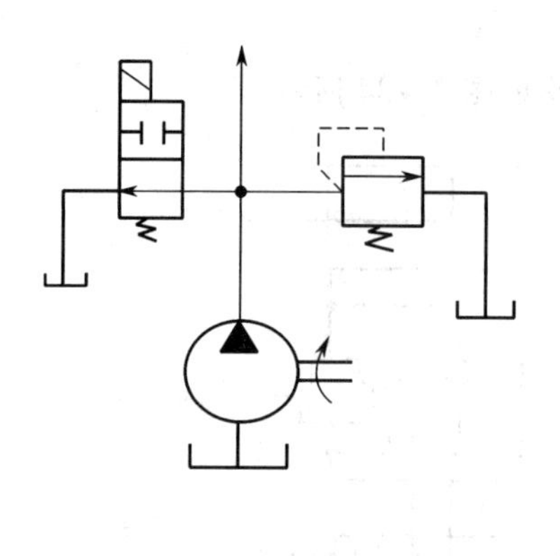

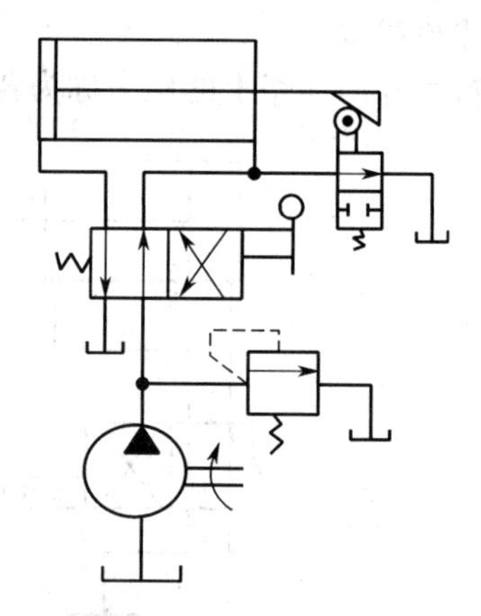

图 2－36　卸荷回路(二位二通换向阀)

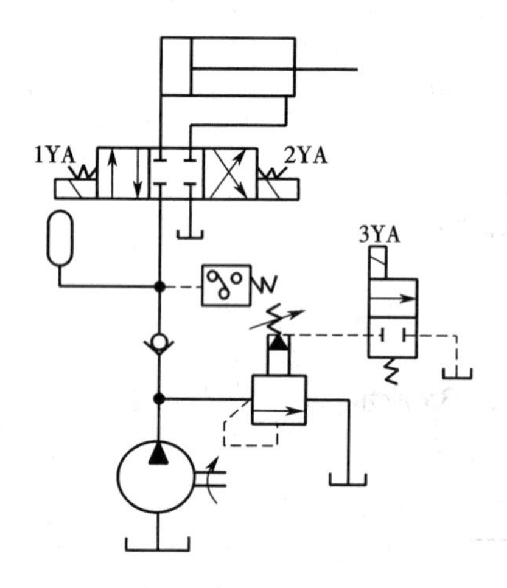

图 2－37　采用溢流阀的卸荷回路

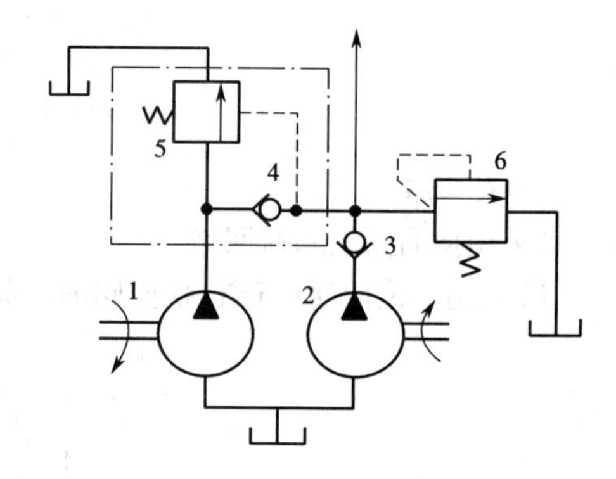

图 2－38　采用卸荷阀的卸荷回路

1、2—液压泵;3、4—单向阀;5、6—溢流阀

5. 平衡回路

1)采用单向顺序阀的平衡回路

如图 2－39 所示回路中的单向顺序阀也称为平衡阀,它设在液压缸下腔与换向阀之间。液压缸下腔的背压力即顺序阀的调整压力。

2)采用远控单向顺序阀的平衡回路

如图 2－40 所示,当活塞及重物作用突然出现超速现象时,必定是液压缸上腔压力降低,此时远控顺序阀控制油路压力也随之下降,将液控顺序阀关小,增大其回油阻力,来阻止运动部件下滑速度。值得注意的是远控顺序阀启闭取决于控制油路的油压,而与负载大小无关 。

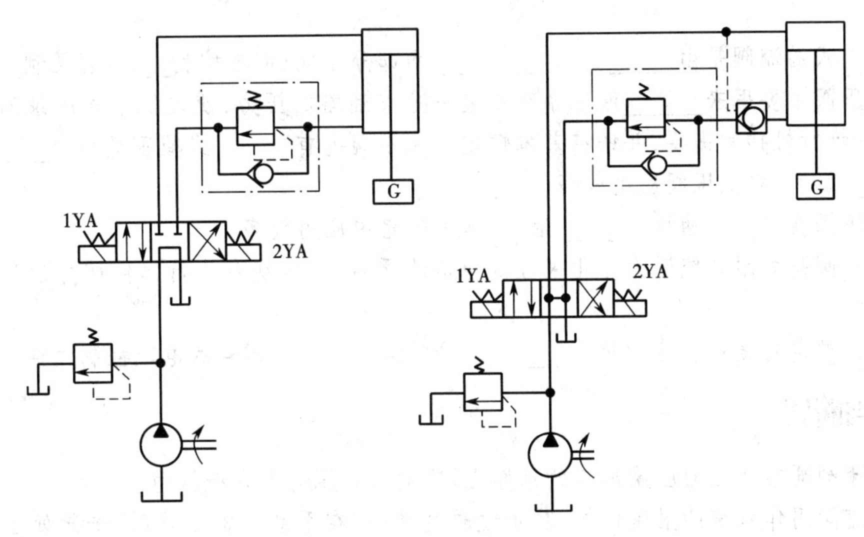

图2-39　平衡回路(单向顺序阀)

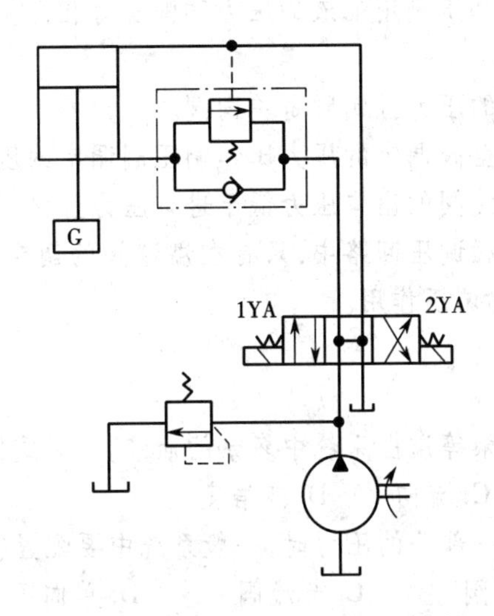

图2-40　平衡回路(远控单向顺序阀)

Ⅰ.填空题

1.在液压系统中,控制__________或利用压力的变化来实现某种动作的阀称为压力控制阀。这类阀的共同点是利用作用在阀芯上的液压力和弹簧力相____的原理来工作。其按用途不同,可分为________、________、________和压力继电器等。

2.根据溢流阀在液压系统中所起的作用,溢流阀可作为________、____、____和背压阀使用。

3. 先导式溢流阀是由________和________两部分组成,前者控制__,后者控制__。

4. 减压阀主要用来______液压系统中某一分支油路的压力,使之低于液压泵的供油压力,以满足执行机构的需要,并保持基本恒定。减压阀也有______式减压阀和______式减压阀两类,________式减压阀应用较多。

5. 减压阀在______油路、______油路、润滑油路中应用较多。

6. ____阀是利用系统压力变化来控制油路的通断,以实现各执行元件按先后顺序动作的压力阀。

7. 压力继电器是一种将油液的______信号转换成______信号的电液控制元件。

Ⅱ. 判断题

1. 溢流阀通常接在液压泵出口的油路上,它的进口压力即系统压力。 (　　)

2. 溢流阀用作系统的限压保护、防止过载的场合,在系统正常工作时,该阀处于常闭状态。 (　　)

3. 压力控制阀基本特点都是利用油液的压力和弹簧力相平衡的原理来进行工作的。 (　　)

4. 液压传动系统中常用的压力控制阀是单向阀。 (　　)

5. 溢流阀在系统中作安全阀调定的压力比作调压阀调定的压力大。 (　　)

6. 减压阀的主要作用是使阀的出口压力低于进口压力且保证进口压力稳定。 (　　)

7. 利用远程调压阀的远程调压回路中,只有在溢流阀的调定压力高于远程调压阀的调定压力时,远程调压阀才能起调压作用。 (　　)

Ⅲ. 选择题

1. 溢流阀的作用是配合泵等溢出系统中多余的油液,使系统保持一定的(　　)。

A. 压力　B. 流量　C. 流向　D. 清洁度

2. 要降低液压系统中某一部分的压力时,一般系统中要配置(　　)。

A. 溢流阀　B. 减压阀　C. 节流阀　D. 单向阀

3. (　　)是用来控制液压系统中各元件动作的先后顺序的。

A. 顺序阀　B. 节流阀　C. 换向阀

4. 在常态下,溢流阀(　　),减压阀(　　),顺序阀(　　)。

A. 常开　B. 常闭

5. 压力控制回路包括(　　)。

A. 卸荷回路　B. 锁紧回路　C. 制动回路

6. 液压系统中的工作机构在短时间停止运行,可采用(　)以达到节省动力损耗、减少液压系统发热、延长泵的使用寿命的目的。

A. 调压回路　B. 减压回路　C. 卸荷回路　D. 增压回路

7. 为防止立式安装的执行元件及与它连在一起的负载因自重而下滑,常采用(　　)。

A. 调压回路　B. 卸荷回路　C. 背压回路　D. 平衡回路

8. 液压传动系统中常用的压力控制阀是(　　)。

A. 换向阀　　B. 溢流阀　　C. 液控单向阀

9. 一级或多级调压回路的核心控制元件是(　　)。

A. 溢流阀　　B. 减压阀　　C. 压力继电器　　D. 顺序阀

10. 当减压阀出口压力小于调定值时,(　　)起减压和稳压作用。

A. 仍能　　B. 不能　　C. 不一定能　　D. 不减压但稳压

11. 卸荷回路(　　)。

A. 可节省动力消耗,减少系统发热,延长液压泵寿命

B. 可使液压系统获得较低的工作压力

C. 不能用换向阀实现卸荷

D. 只能用滑阀机能为中间开启型的换向阀

Ⅳ. 简答题

比较溢流阀、减压阀、顺序阀的异同点。

____

____

____

三、任务实施

1. 元件的选择

1)动力元件的选择

此升降台的工作压力一般在 20 MPa 以下,根据要求选择动力元件为双作用式的叶片泵。

2)执行元件的选择

此升降台需要双向液压驱动,能够上下往复运动,根据要求选择单活塞杆双作用液压缸。

3)控制元件的选择

此升降台的液压系统需要向主油路提供具有稳定压力的液压油,并能够防止系统过载,所以在液压泵的出口处需要安装溢流阀,同时能够实现升降台的上下往复运动,因此需要安装换向阀。

2. 回路的设计

此升降台的液压控制系统,采用溢流阀和三位四通换向阀组成回路即可满足工作要求,如图 2-41 所示。当换向阀处在右位时升降台上升,处在左位时升降台下降。在试验台上,选择相应的液压元件将此回路组装出来。

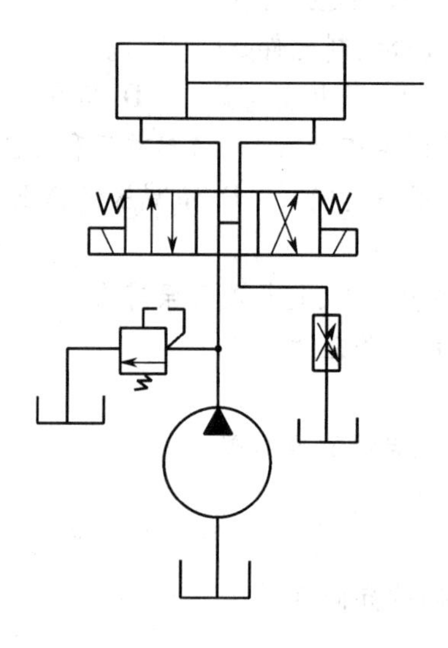

图 2 - 41　货物升降台的调压回路

四、学习小结

____

____

____

任务三　速度控制回路连接与调试

一、任务引入

某化工厂厂房内有 10 台真空胶带式过滤机(图 2 - 42),其主要作用是将矿浆的水分过滤,同时将过滤好的滤饼输送至皮带上,再进行下一步的加工。由于矿浆受季节和温度的影响,夏季时,矿浆较浓稠,过滤机滚轴需旋转速度较快些;而冬季时,矿浆有明显的颗粒状,真空式过滤机过滤效果较差,需过滤机滚轴旋转速度较慢些。若过滤机滚轴由液压马达驱动,试着设计这个回路,能够实现过滤机滚轴的速度控制。

本任务要求在学习设计液压系统速度控制回路的过程中实现以下目标:

(1)建立对流量控制元件的认识,掌握流量控制阀的工作原理;

(2)速度控制回路的识读、组建。

二、相关知识

(一)流量控制阀

流量控制阀通过改变阀口通流面积来调节输出流量,从而控制执行元件的运动速度。常用的流量阀有节流阀和调速阀两种。

图 2-42　真空胶带式过滤机

1. 节流阀

1) 节流口的形式

图 2-43 所示是三种常用节流口的形式。图 2-43(a)为针阀式节流口,针阀作轴向移动,改变通流面积以调节流量,其结构简单,但流量稳定性差,一般用于要求不高的场合。图 2-43(b)为偏心式节流口,阀芯上开有截面为三角形或矩形的偏心槽,转动阀芯就可改变通流面积以调节流量,其阀芯受径向不平衡力,适用于压力较低的场合。图 2-43(c)为轴向三角槽式节流口,阀芯端部开有一个或两个斜三角槽,在轴向移动时,阀芯就可改变通流面积的大小,其结构简单,可获得较小的稳定流量,应用广泛。

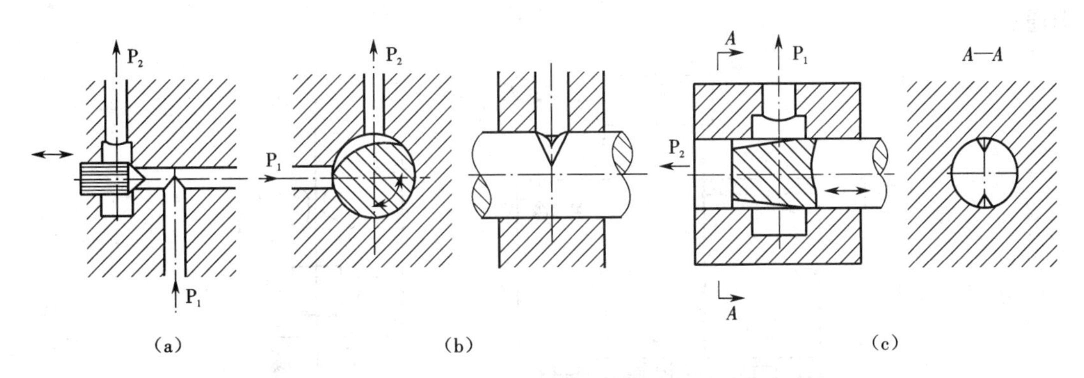

图 2-43　常用节流口的形式
(a)针阀式节流口　(b)偏心式节流口　(c)轴向三角槽式节流口

2) 节流阀的结构及特点

图 2-44 所示为普通节流阀,它的节流口是轴向三角槽式。打开节流阀时,压力油从进油口 P_1 进入,经孔 a、阀芯 1 左端的轴向三角槽,从孔 b 和出油口 P_2 流出。阀芯 1 在弹簧力的作用下始终紧贴在推杆 2 的端部。旋转手轮 3,可使推杆沿轴向移动,改变节流口的通流面积,从而调节通过阀的流量。

节流阀结构简单、体积小、使用方便、成本低,但负载和温度的变化对流量稳定性的影响较大,因此只适用于负载和温度变化不大或速度稳定性要求不高的液压系统。

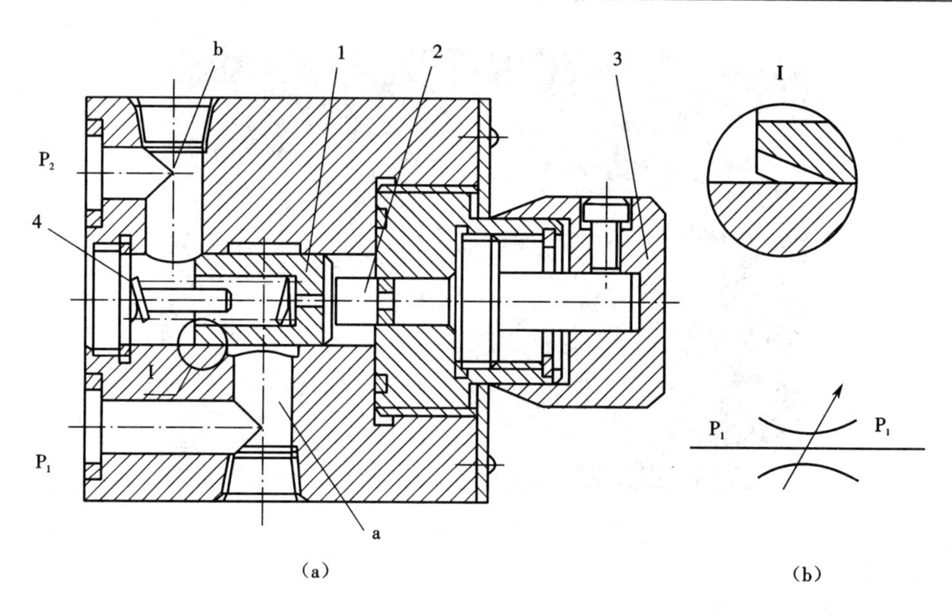

图2-44　普通节流阀

(a)结构原理　(b)图形符号

1—阀芯;2—推杆;3—手轮;4—弹簧

2. 调速阀

调速阀是由定差减压阀与节流阀串联而成的组合阀。节流阀用来调节通过的流量,定差减压阀则自动调节,使节流阀前后的压差为定值,消除了负载变化对流量的影响。如图2-45(a)所示,定差减压阀1与节流阀2串联,定差减压阀左右两腔也分别与节流阀前后端沟通。

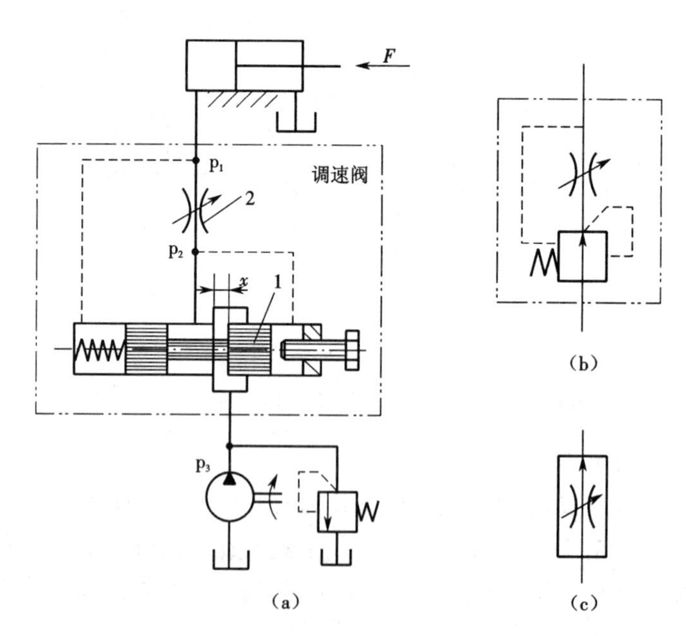

图2-45　调速阀工作原理及符号

(a)工作原理　(b)详细符号　(c)简化符号

设定差减压阀的进口压力为 p_1，油液经减压后出口压力为 p_2，通过节流阀又降至 p_3 进入液压缸。p_3 的太小由液压缸负载 F 决定。负载 F 变化，则 p_3 和调速阀两端压差 p_1-p_3 随之变化，但节流阀两端压差 p_2-p_3 却不变。例如 F 增大使 p_3 增大，减压阀阀芯弹簧腔液压作用力也增大，阀芯右移，减压阀开度 x 加大，减压作用减小，使 p_2 有所增加，结果 p_2-p_3 压差保持不变 。反之亦然。调速阀通过的流量因此就保持恒定了。图 2－45(b)和(c)分别表示调速阀的详细符号和简化符号。

这种阀适合于对执行元件速度稳定性要求比较高的场合。

(二)速度控制回路

速度控制回路的功用是使执行元件获得能满足工作需求的运动速度。它包括调速回路、增速回路和速度换接回路等。

1. 调速回路

调速回路的功用是调节执行元件的运动速度。液压系统的调速方法可分为节流调速、容积调速和容积节流调速三种形式。

1)节流调速回路

节流调速回路用定量泵供油，用节流阀或调速阀改变进入执行元件的流量使之变速。根据流量阀在回路中的位置不同，分为进油路节流调速，回油路节流调速和旁油路节流调速三种回路。

A. 进油路节流调速回路

在执行元件的进油路上串接一个流量阀即构成进油路节流调速回路。图 2－46 所示为采用节流阀的液压缸进油路节流调速回路。泵的供油压力由溢流阀调定，调节节流阀的开口，改变进入液压缸的流量，即可调节缸的速度。泵多余的流量经溢流阀回油箱，故无溢流阀则不能调速。

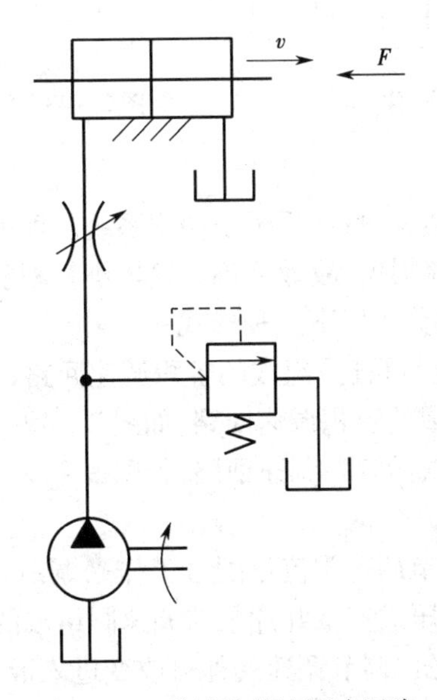

图 2－46　进油路节流调速回路

B. 回油路节流调速回路

在执行元件的回油路上串接一个流量阀，即构成回油路节流调速回路。图 2－47 所示为采用节流阀的液压缸回油路节流调速回路。用节流阀调节缸的回油流量，也就控制了进入液压缸的流量，实现了调速。

C. 旁油路节流调速回路

将流量阀安放在和执行元件并联的旁油路上，即构成旁油路节流调速回路。图 2－48 所示为采用节流阀的旁油路节流调速回路。节流阀调节了泵溢回油箱的流量，从而控制了进入缸的流量。调节节流阀开口，即实现了调速。由于溢流已由节流阀承担，故溢流阀用作安全阀，常态时关闭，过载时打开，其调定压力为回路最大工作压力的 1.1 ~1.2 倍。故泵压不再恒定，它与缸的工作压力相等，直接随负载变化，且等于节流阀两端压力差。

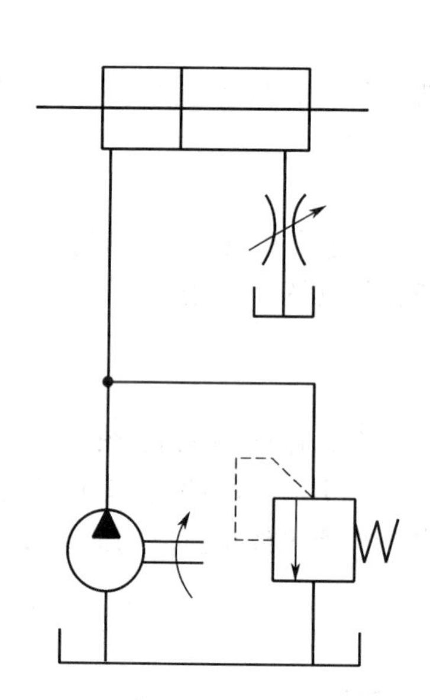

图 2－47　回油路节流调速回路

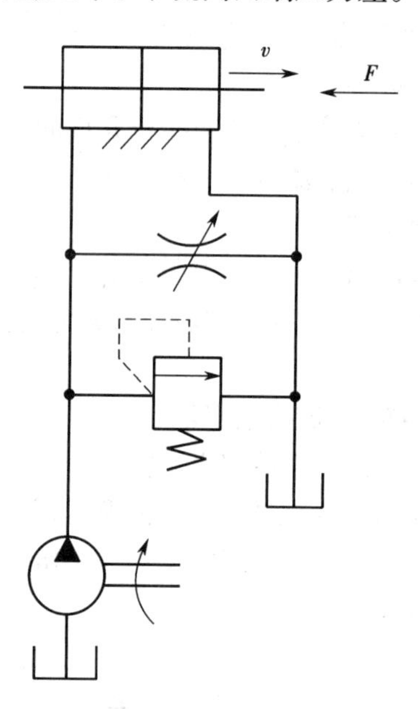

图 2－48　旁油路节流调速回路

2）容积调速回路

节流调速回路效率低、发热大，只适用于小功率系统。而采用变量泵或变量马达的容积调速回路，因无节流损失和溢流损失，故效率高、发热小。根据液压泵和液压马达（或液压缸）的组合不同，容积调速回路分为以下三种形式：

（1）变量泵和液压缸（或定量马达）组成的容积调速回路，如图 2－49（a）、（b）所示；

（2）定量泵和变量马达组成的容积调速回路，如图 2－49（c）所示；

（3）变量泵和变量马达组成的容积调速回路，如图 2－49（d）所示。

3）容积节流调速回路

利用改变变量泵排量和调节调速阀流量配合工作来调节速度的回路，称为容积节流调速回路。如图 2－50 所示为限压式变量叶片泵与调速阀组成的容积节流调速回路。变量泵输出的油液经调速阀进入液压缸，调节调速阀即可改变进入液压缸的流量从而实现调速，此时变量泵的供油量会自动地与之相适应。

从以上分析可知，容积节流调速回路无溢流损失、效率较高、调速范围大、速度刚性好

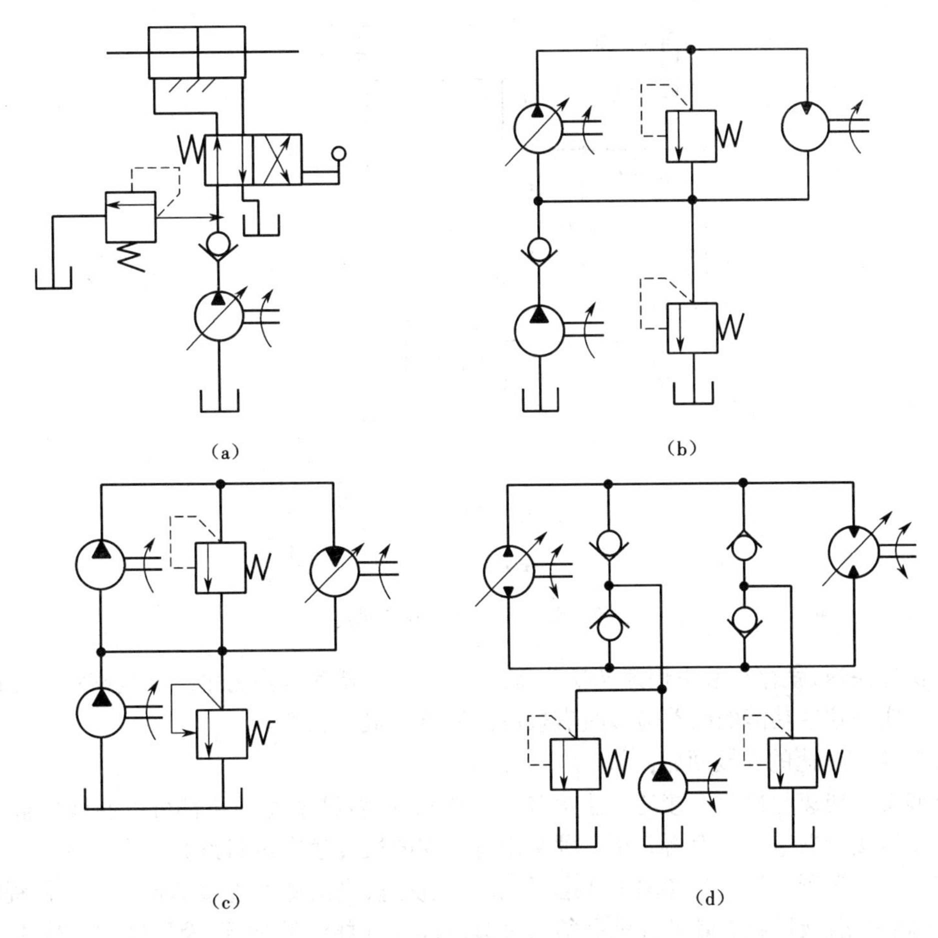

图 2－49　容积调速回路

(a)变量泵和液压缸组成的容积调速回路　(b)变量泵和定量马达组成的闭式容积调速回路
(c)定量泵和变量马达组成的闭式容积调速回路　(d)变量泵和变量马达组成的闭式容积调速回路

(负载变化对速度影响小),一般用于空载时需快速,承载时要稳定的中,小功率液压系统。

2. 增速回路

增速回路又称快速运动回路,其功用在于使执行元件获得必要的高速,以提高系统的工作效率或充分利用功率。常用的增速回路有液压缸差动连接增速回路、双泵供油增速回路和利用蓄能器增速回路等。

图 2－51 所示为液压缸差动连接增速回路。当阀 1 和阀 3 在左位工作(电磁铁 1YA 通电、3YA 断电)时,液压缸形成差动连接,实现快速运动。当阀 3 在右位工作(电磁铁 3YA 通电)时,差动连接即被切断,液压缸回油经调速阀,实现工进。阀 1 切换至右位工作(电磁铁 2YA 通电),缸快退。这种回路结构简单、价格低廉、应用普遍,但要注意此回路的阀和管道应按差动时的较大流量选用,否则压力损失过大,使溢流阀在快进时也开启,则无法实现差动。

3. 速度换接回路

设备的工作部件在自动循环工作过程中,需要进行速度换接,例如机床的二次进给工作

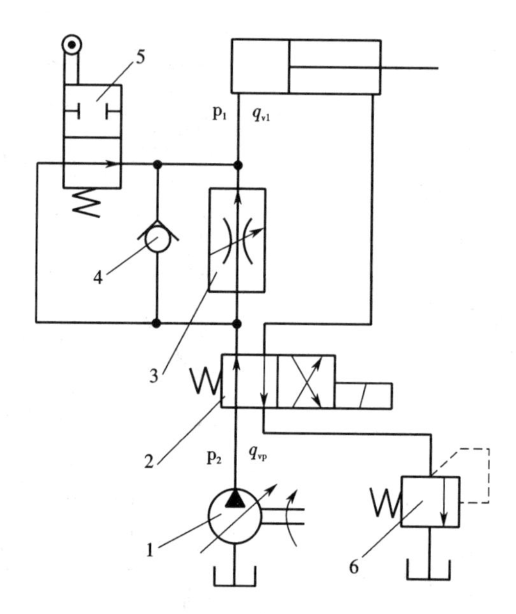

图 2 - 50　容积节流调速回路

循环为快进快退，就存在着由快速转换为慢速，由第一种慢速转换为第二种慢速的速度换接等要求。实现这些功能的回路应该具有较高的速度换接平稳性。

1）快速与慢速的换接回路

能够实现快速与慢速换接的方法很多，前面提到的各种增速回路都可以使液压缸的运动由快速换接为慢速。下面再介绍一种采用行程阀的快慢速换接回路。

如图 2 - 52 所示的回路在图示状态下，液压缸快进，当活塞所连接的挡块压下行程阀 4 时，行程阀关闭，液压缸右腔的油液必须通过节流阀 6 才能流回油箱，液压缸就由快进转换为慢速工进。当换向阀 2 的左位接入回路时，压力油经单向阀 5 进入液压缸右腔，活塞快速向左返回，这种回路的快慢速度换接比较准确，缺点是行程阀的安装位置不能任意布置，管路连接较为复杂。

2）两种慢速的换接回路

A. 两调速阀串联的二工进速度换接回路

图 2 - 53 所示为两调速阀串联的二工进速度换接回路。当阀 1 左位工作且阀 3 通电时，控制阀 2 的通或断，使油液经调速阀 A 或既经 A 又经 B 才能进入液压缸左腔，从而实现第一次工进或第二次工进。但阀 B 的开口需调得比 A 小，即二工进速度必须比一工进速度低。此外，二工进时油液经过两个调速阀，能量损失较大。

B. 两调速阀并联的二工进速度换接回路

图 2 - 54 所示为两调速阀并联的二工进速度换接回路。当主换向阀 1 在左位或右位工作时，缸做快进或快退运动。当主换向阀 1 在左位工作时，并使阀 2 通电，根据阀 3 不同的工作位置，进油需经调速阀 A 或 B 才能进入缸内，便可实现第一次工进和第二次工进速度的换接。两个调速阀可单独调节，两速度互无限制。但一阀工作另一阀无油液通过，后者的减压阀部分处于非工作状态，若该阀内无行程限位装置，此时减压阀口将完全打开，一旦换接，油液大量流过此阀，缸会出现前冲现象。因此，它不宜用于工作过程中的速度换接，只可

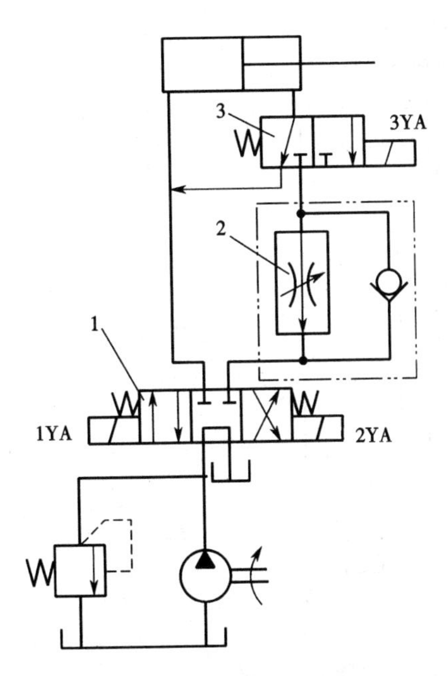

图 2－51　液压缸差动连接增速回路

1、3—换向阀;2—调速阀

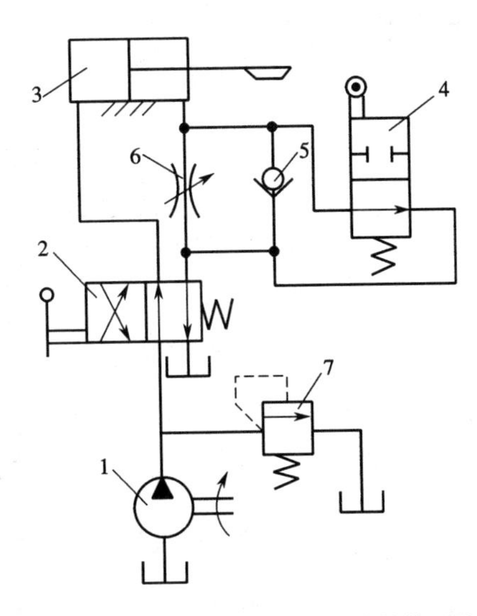

图 2－52　采用行程阀的快慢速换接回路

1—液压泵;2—换向阀;3—液压缸;4—行程阀;
5—单向阀;6—节流阀;7—溢流阀

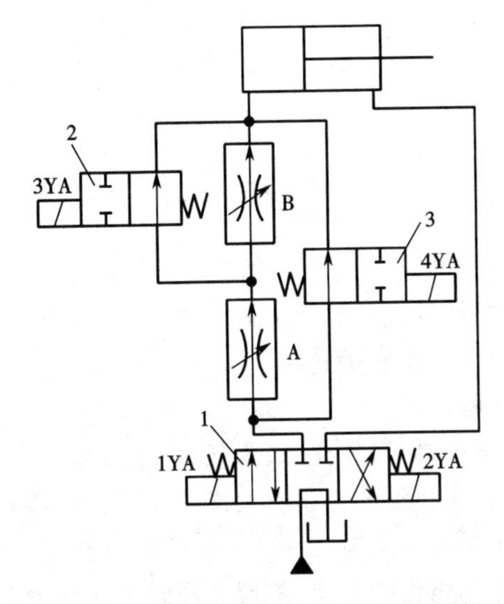

图 2－53　两调速阀串联的二工进速度换接回路

1—三位四通换向阀;2、3—二位二通换向阀

用在速度预选的场合。

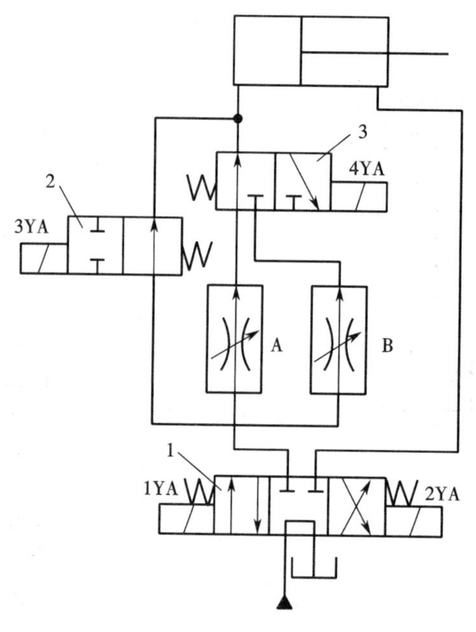

图2-54　两调速阀并联的二工进速度换接回路

1—三位四通换向阀;2—二位二通换向阀;3—二位三通换向阀

Ⅰ.填空题

1. 流量控制阀是通过改变阀口通流面积来调节阀口流量,从而控制执行元件运动______________________的液压控制阀。常用的流量阀有______阀和________阀两种。

2. 速度控制回路是研究液压系统的速度________和________问题,常用的速度控制回路有调速回路、_________回路、__________回路等。

3. 节流阀结构简单、体积小、使用方便、成本低,但负载和温度的变化对流量稳定性的影响较______,因此只适用于负载和温度变化不大或速度稳定性要求________的液压系统。

4. 调速阀是由定差减压阀和节流阀____________组合而成。用定差减压阀来保证可调节流阀前后的压力差不受负载变化的影响,从而使通过节流阀的____________保持稳定。

5. 速度控制回路的功用是使执行元件获得能满足工作需求的运动________。它包括_____回路、_________回路、速度换接回路等。

6. 节流调速回路是用__________泵供油,通过调节流量阀的通流截面积大小来改变进入执行元件的________,从而实现运动速度的调节。

7. 容积调速回路是通过改变回路中液压泵或液压马达的__________来实现调速的。

Ⅱ. 判断题

1. 使用可调节流阀进行调速时，执行元件的运动速度不受负载变化的影响。　（　　）
2. 节流阀是最基本的流量控制阀。　（　　）
3. 流量控制阀基本特点都是利用油液的压力和弹簧力相平衡的原理来进行工作的。
（　　）
4. 进油节流调速回路比回油节流调速回路运动平稳性好。　（　　）
5. 进油节流调速回路和回油节流调速回路损失的功率都较大，效率都较低。　（　　）

Ⅲ. 选择题

1. 在液压系统中，可用于安全保护的控制阀是（　　）。
A. 顺序阀　　B. 节流阀　　C. 溢流阀
2. 调速阀是（　　），单向阀是（　　），减压阀是（　　）。
A. 方向控制阀　　B. 压力控制阀　　C. 流量控制阀
3. 系统功率不大，负载变化较小，采用的调速回路为（　　）。
A. 进油节流　　B. 旁油节流　　C. 回油节流　　D. A 或 C
4. 回油节流调速回路（　　）。
A. 调速特性与进油节流调速回路不同
B. 经节流阀而发热的油液不容易散热
C. 广泛应用于功率不大、负载变化较大或运动平衡性要求较高的液压系统
D. 串联背压阀可提高运动的平稳性。
5. 容积节流复合调速回路（　　）。
A. 主要由定量泵和调速阀组成
B. 工作稳定、效率较高
C. 运动平稳性比节流调速回路差
D. 在较低速度下工作时运动不够稳定
6. 调速阀是组合阀，其组成是（　　）。
A. 可调节流阀与单向阀串联　　B. 定差减压阀与可调节流阀并联
C. 定差减压阀与可调节流阀串联　　D. 可调节流阀与单向阀并联

三、任务实施

（一）元件的选择

1. 动力元件的选择

此液压关断门的启闭工作压力一般在 2.5 MPa 以下，根据要求选择动力元件为齿轮泵。

2. 执行元件的选择

真空胶带式过滤机速度要求是低速、大扭矩，运动平稳性要求较高，噪声限制不大，所以选择径向柱塞式液压马达。

3. 控制元件的选择

过滤机滚轴速度控制时,整个系统需要压力稳定的液压油并防止系统过载,因此需要在液压泵出口加装溢流阀,控制过滤机滚轴速度需要使用调速阀,同时滚轴方向也需要有一定的变化,因此选择三位四通换向阀。

(二)回路设计

设计回路时,过滤机滚轴速度能够调节,同时为了保持稳定性,需要在系统的回油管路中加装调速阀,通过改变调速阀的流量来改变液压马达的转速,进而改变滚轴的转速。控制回路如图 2-55 所示。

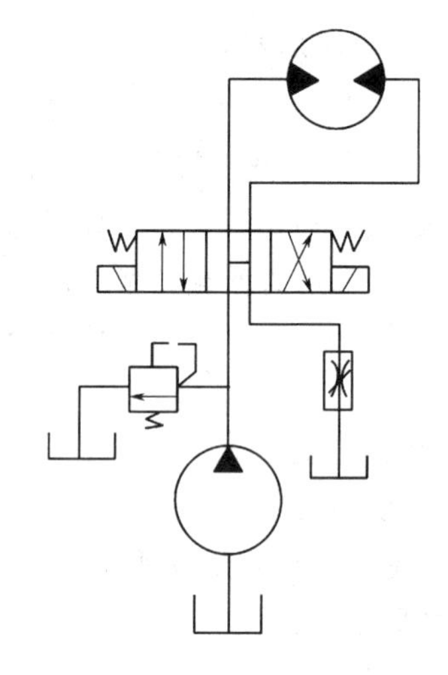

图 2-55 过滤机滚轴速度控制回路

3. 回路的组建

组建后的回路如图 2-56 所示。

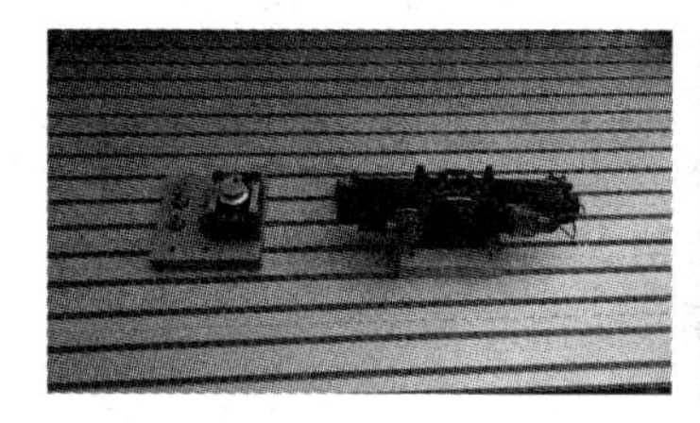

图 2-56 回路组建

四、拓展知识——多缸工作控制回路

(一)顺序动作回路

此回路用于使各缸按预定的顺序动作,如工件应先定位、后夹紧、再加工等。按照控制方式的不同,有行程控制和压力控制两大类。

1. 行程控制的顺序动作回路

1)采用行程阀控制的顺序动作回路

如图2－57所示状态下,A、B二缸的活塞皆在左端位置。当手动换向阀C左位工作,缸A右行,实现动作①。在挡块压下行程阀D后,缸B右行,实现动作②。手动换向阀复位后,缸A先复位,实现动作③ 。随着挡块后移,阀D复位,缸B退回,实现动作④。至此,顺序动作全部完成。

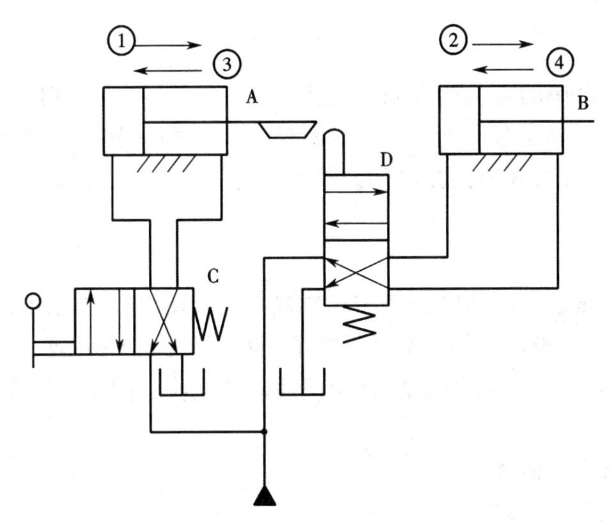

图2－57　采用行程阀控制的顺序动作回路

A、B—液压缸;C—二位二通手动换向阀;D—二位二通行程阀

2)采用行程开关控制的顺序动作路

如图2－58所示的回路中,1YA通电,缸A右行完成动作①后,又触动行程开关1ST使2YA通电,缸B右行,在实现动作②后,又触动2ST使1YA断电,缸A返回,在实现动作③后,又触动3ST使2YA断电,缸B返回,实现动作④,最后触动4ST使泵卸荷或引起其他动作,完成一个工作循环。行程控制的顺序动作回路,换接位置准确,动作可靠,特别是行程阀控制回路换接平稳,常用于对位置精度要求较高处。但行程阀需布置在缸附近,改变动作顺序较困难。而行程开关控制的回路只需改变电气线路即可改变顺序,故应用较广泛。

2. 压力控制的顺序动作回路

压力控制的顺序动作回路常采用顺序阀或压力继电器进行控制 。

如图2－59所示为采用压力继电器控制的顺序动作回路。当电磁铁1YA通电后,压力油进入A缸的左腔,推动活塞按①方向右移。碰上挡块后,系统压力升高,安装在A缸进油腔附近的压力继电器发出信号,使电磁铁2YA通电,于是压力油又进入B缸的左腔,推动活

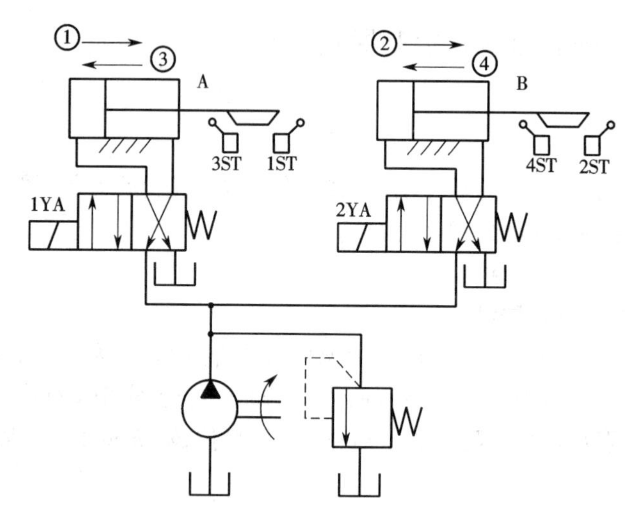

图2－58　采用行程开关控制的顺序动作回路

塞按②方向右移。回路中的节流阀以及和它并联的二通电磁阀是用来改变B缸运动速度的。为了防止压力继电器乱发信号，其压力调整值一方面应比A缸动作时的最大压力高0.3～0.5 MPa，另一方面又要比溢流阀的调整压力低0.3～0.5 MPa。

（二）同步回路

使两个或多个液压缸在运动中保持相对位置不变且速度相同的回路称为同步回路。在多缸液压系统中，影响同步精度的因素是很多的，例如液压缸外负载、泄漏、摩擦阻力、制造精度、结构弹性变形以及油液中含气量，都会使运动不同步。同步回路要尽量克服或减少这些因素的影响。

1. 并联液压缸的同步回路

1）并联调速阀的同步回路

如图2－60所示，用两个调速阀分别串接在两个液压缸的回油路（或进油路）上，再并联起来，用以调节两缸运动速度，即可实现同步。这也是一种常用的比较简单的同步方法，但因为两个调速阀的性能不可能完全一致，同时还受到载荷变化和泄漏的影响，同步精度较低。

2）采用比例调速阀的同步回路

如图2－61所示，它同步精度较高，绝对精度为0.5 mm，已满足一般设备的要求，回路使用一个普通调速阀C和一个比例调速阀D，各装在由单向阀组成的桥式整流油路中，分别控制缸A和缸B的正反向运动。当两缸出现位置误差时，检测装置发出信号，调整比例调速阀的开口，修正误差，即可保证同步。

2. 串联液压缸的同步回路

1）普通串联液压缸的同步回路

如图2－62所示为两个液压缸串联的同步回路。第一个液压缸回油腔排出的油液被送入第二个液压缸的进油腔，若两缸的有效工作面积相等，两活塞必然有相同的位移，从而实现同步运动。但是，由于制造误差和泄漏等因素的影响，同步精度较低。

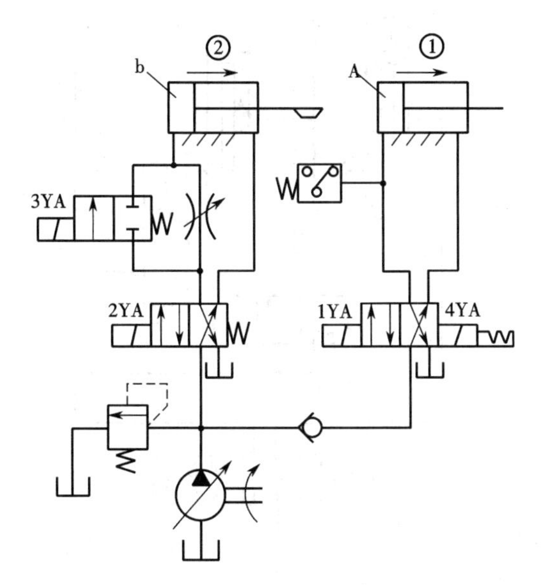

图 2－59　采用压力继电器控制的顺序动作回路

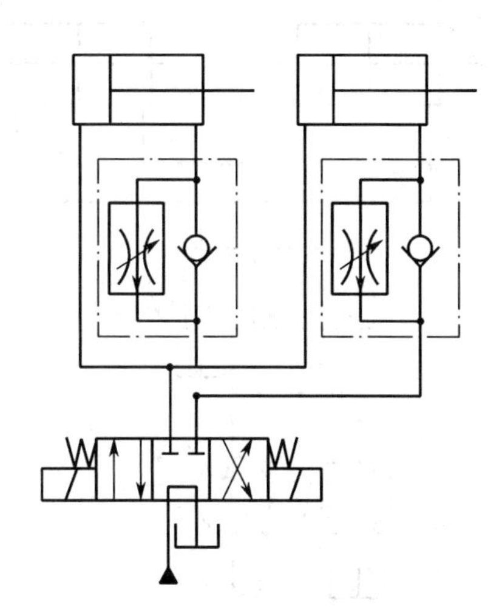
图 2－60　并联调速阀的同步回路

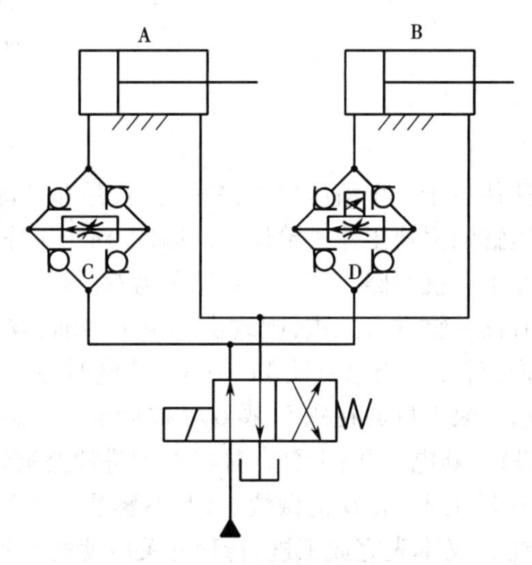

图 2－61　采用比例调速阀的同步回路

2）带补偿措施的串联液压缸同步回路

图 2－63 中两缸串联，A 腔和 B 受力面积相等，使进、出流量相等，缸的升降便得到同步。而补偿措施使同步误差在每一次下运动中都可消除。例如阀 5 右位工作时，缸下降，若活塞先运动到底，它就触动电气行程开关 1ST，使阀 4 通电，压力油便通过该阀和单向阀向缸 2 的 B 腔补入，推动活塞继续运动到底，误差即被消除。若缸 2 先到底，触动行程开关 2ST，阀 3 通电，控制压力油使液控单向阀反向通道打开，缸 1 的 A 腔通过液控单向阀回油，其活塞即可继续运动到底。这种串联液压缸同步回路只适用于负载较小的液压系统。

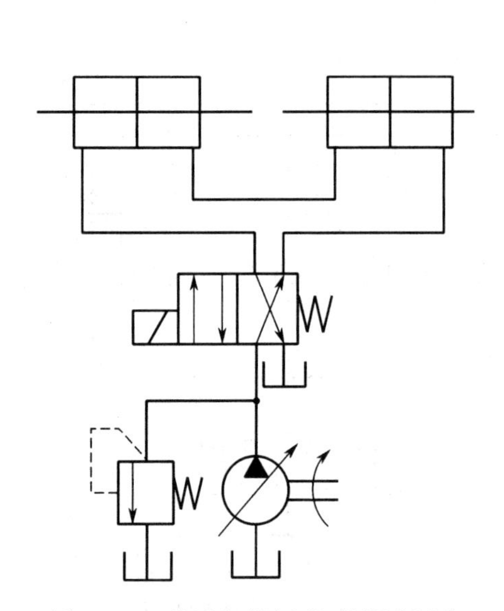

图 2 - 62　普通串联液压缸的同步回路

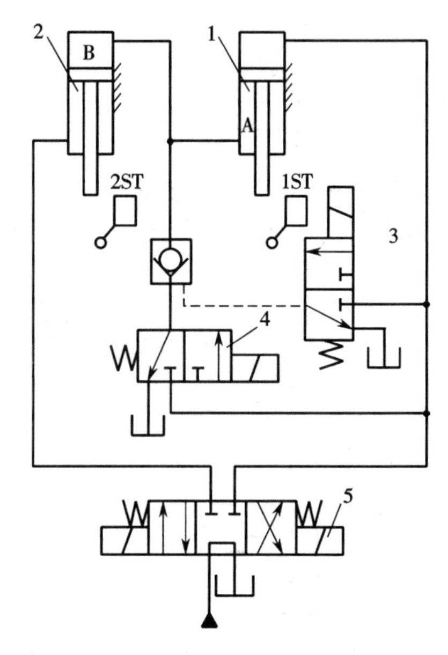

图 2 - 63　带补偿措施的串联液压缸同步回路
1、2—液压缸；3、4—二位三通换向阀；
5—三位四通换向阀

(三)互不干扰回路

在多缸液压系统中，往往由于一个液压缸的快速运动，吞进大量油液，造成整个系统的压力下降，干扰了其他液压缸的慢速工作进给运动。因此，对于工作进给稳定性要求较高的多缸液压系统，必须采用互不干扰回路。图 2 - 64 所示为双泵供油多缸互不干扰回路，各缸快速进退皆由大泵 2 供油，任一缸进入工进，则改由小泵 1 供油，彼此无牵连，也就无干扰。图 2 - 64 所示状态各缸原位停止。当电磁铁 3YA、4YA 通电时，阀 7、阀 8 左位工作，两缸都由大泵 2 供油做差动快进，小泵 1 供油在阀 5、阀 6 处被堵截。设缸 A 先完成快进，由行程开关使电磁铁 1YA 通电，3YA 断电，此时大泵 2 对缸 A 的进油路被切断，而小泵 1 的进油路打开，缸 A 由调速阀 3 调速做工进，缸 B 仍做快进，互不影响。当各缸都转为工进后，它们全由小泵供油。此后，若缸 A 又率先完成工进，行程开关应使阀 5 和阀 7 的电磁铁都通电，缸 A 即由大泵 2 供油快退。当各电磁铁皆断电时，各缸皆停止运动，并被锁于所在位置上。

五、学习小结

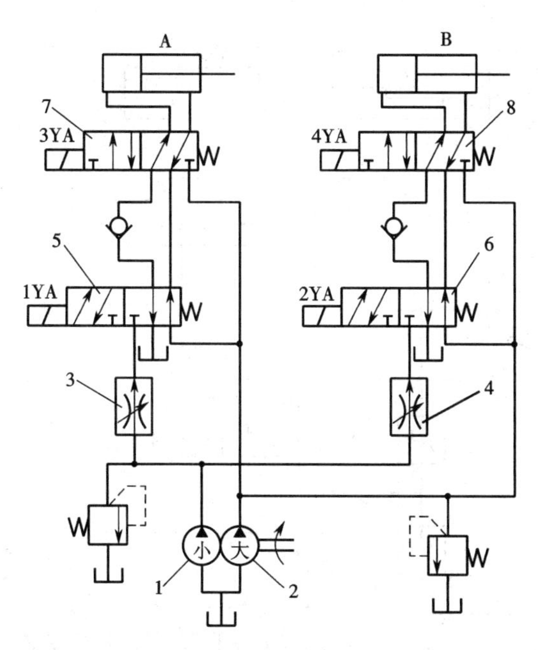

图 2-64　互不干扰回路

1—小型液压泵;2—大型液压泵;3、4—调速阀;5、6、7、8—二位五通换向阀

任务四　组合机床动力滑台液压系统

一、任务引入

组合机床是由通用部件和某些专用部件所组成的效率高和自动化程度较高的专用机床。它能完成钻、镗、铣、刮端面、倒角、攻螺纹等加工和工件的转位、定位、夹紧、输送等动作。

动力滑台是组合机床的一种通用部件。在滑台上可以配置各种工艺用途的切削头,例如安装动力箱和主轴箱、钻削头、铣削头、镗削头、镗孔、车端面等。组合机床液压动力滑台可以实现多种不同的工作循环,其中一种比较典型的工作循环是快进→一工进→二工进→死挡铁停留→快退→停止。完成这一动作循环的动力滑台液压系统工作原理如图 2-65 所示。试读图分析其工作原理。

二、相关知识

液压系统是由基本回路组成的,它表示一个系统的基本工作原理,即系统执行元件所能实现的各种动作。液压系统图都是按照标准图形符号绘制的,原理图仅仅表示各个液压元件及它们之间的连接与控制方式,并不代表它们的实际尺寸大小和空间位置。正确、迅速地分析和阅读液压系统图,对于液压设备的设计、分析、研究、使用、维修、调整和故障排除均具有重要的指导作用。

(一)液压系统图的阅读

要能正确而又迅速地阅读液压系统图,首先必须掌握液压元件的结构、工作原理、特点

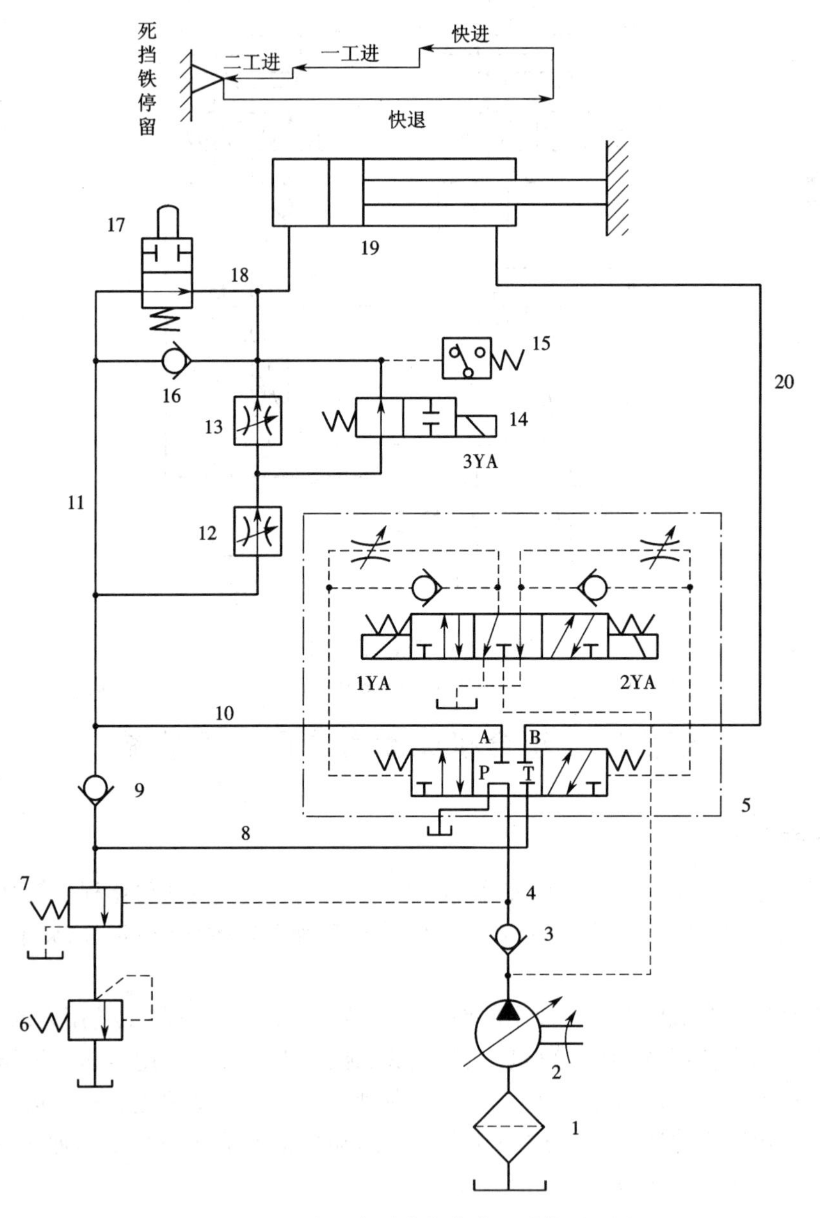

图 2-65　组合机床动力滑台液压系统原理图

1—滤油器;2—变量泵;3、9、16—单向阀;4、8、10、11、18、20—管路;
5—电液动换向阀;6—背压阀;7—顺序阀;12、13—调速阀;14—电磁换向阀;
15—压力继电器;17—行程阀;19—液压缸

和各种基本回路的应用,了解液压系统的控制方式、职能符号及其相关标准。其次,结合实际液压设备及其液压原理图多读多练,掌握各种典型液压系统的特点,对于今后阅读新的液压系统可起到以点带面、触类旁通和熟能生巧的作用。

阅读液压系统图一般可按以下步骤进行。

(1)全面了解设备的功能、工作循环和对液压系统提出的各种要求。例如组合机床液压系统图,它是以速度转换为主的液压系统,除了能实现液压滑台的快进→工进→快退的基本工作循环外,还要特别注意速度转换的平稳性等指标,同时要了解控制信号的转换以及电磁铁动作表等。这有助于我们能够有针对性地进行阅读。

(2)仔细研究液压系统中所有液压元件及它们之间的联系,弄清各个液压元件的类型、原理、性能和功用。对一些用半结构图表示的专用元件,要特别注意它们的工作原理,要读懂各种控制装置及变量机构。

(3)仔细分析并写出各执行元件的动作循环和相应的油液所经过的路线。为便于阅读,最好先将液压系统中的各条油路分别进行编码,然后按执行元件划分读图单元,每个读图单元先看动作循环,再看控制回路、主油路。要特别注意系统从一种工作状态转换到另一种工作状态时,是由哪些元件发出的信号,又是使哪些控制元件动作并实现的。

阅读液压系统图的具体方法有传动链法、电磁铁工作循环表法和等效油路图法等。

(二)液压系统图的分析

在读懂液压系统图的基础上,还必须进一步对该系统进行一些分析,这样才能评价液压系统的优缺点,使设计的液压系统性能不断完善。

液压系统图的分析可考虑以下几个方面:

(1)液压基本回路的确定是否符合主机的动作要求;

(2)各主油路之间、主油路与控制油路之间有无矛盾和干涉现象;

(3)液压元件的代用、变换和合并是否合理、可行;

(4)液压系统性能的改进方向。

(三)任务实施

完成这一动作循环的动力滑台液压系统工作原理图如图 2-65 所示。系统中采用限压式变量叶片泵供油,并使液压缸差动连接以实现快速运动。由电液换向阀换向,用行程阀、液控顺序阀实现快进与工进的转换,用二位二通电磁换向阀实现一工进和二工进之间的速度换接。为保证进给的尺寸精度,采用了死挡铁停留来限位。实现工作循环的工作原理如下。

1. 快进

按下启动按钮,三位五通电液动换向阀 5 的先导电磁换向阀 1YA 得电,使之阀芯右移,左位进入工作状态,这时的主油路如下。

进油路:滤油器 1→变量泵 2→单向阀 3→管路 4→电液动换向阀 5 的 P 口到 A 口→管路 10,11→行程阀 17→管路 18→液压缸 19 左腔。

回油路:液压缸 19 右腔→管路 20→电液动换向阀 5 的 B 口到 T 口→油路 8→单向阀 9→油路 11→行程阀 17→管路 18→液压缸 19 左腔。

这时形成差动连接回路。因为快进时,滑台的载荷较小,同时进油可以经行程阀 17 直通油缸左腔,系统中压力较低,所以变量泵 2 输出流量大,动力滑台快速前进,实现快进。

2. 第一次工进

在快进行程结束时,滑台上的挡铁压下行程阀 17,行程阀上位工作,使油路 11 和 18 断开。电磁铁 1YA 继续通电,电液动换向阀 5 左位仍在工作,电磁换向阀 14 的电磁铁处于断电状态。进油路必须经调速阀 12 进入液压缸左腔,与此同时,系统压力升高,将液控顺序阀

7 打开，并关闭单向阀 9，使液压缸实现差动连接的油路切断。回油经顺序阀 7 和背压阀 6 回到油箱。这时的主油路如下。

进油路：滤油器 1→变量泵 2→单向阀 3→电液动换向阀 5 的 P 口到 A 口→油路 10→调速阀 12→二位二通电磁换向阀 14→油路 18→液压缸 19 左腔。

回油路：液压缸 19 右腔→油路 20→电液动换向阀 5 的 B 口到 T 口→管路 8→顺序阀 7→背压阀 6→油箱。

因为工作进给时油压升高，所以变量泵 2 的流量自动减小，动力滑台向前作第一次工作进给，进给量的大小可以用调速阀 12 调节。

3. 第二次工作进给

在第一次工作进给结束时，动力滑台上的挡铁压下行程开关，使电磁阀 14 的电磁铁 3YA 得电，阀 14 右位接入工作，切断了该阀所在的油路，经调速阀 12 的油液必须经过调速阀 13 进入液压缸的右腔，其他油路不变。由于调速阀 13 的开口量小于阀 12，进给速度降低，进给量的大小可由调速阀 13 来调节。

4. 死挡铁停留

当动力滑台第二次工作进给终止碰上死挡铁后，液压缸停止不动，系统的压力进一步升高，达到压力继电器 15 的调定值时，经过时间继电器的延时，再发出电信号，使滑台退回。在时间继电器延时动作前，滑台停留在死挡块限定的位置上。

5. 快退

时间继电器发出电信号后，2YA 得电，1YA 失电，3YA 断电，电液动换向阀 5 右位工作，这时的主油路如下。

进油路：滤油器 1→变量泵 2→单向阀 3→油路 4→换向阀 5 的 P 口到 B 口→油路 20→液压缸 19 的右腔。

回油路：液压缸 19 的左腔→油路 18→单向阀 16→油路 11→电液动换向阀 5 的 A 口到 T 口→油箱。

这时系统的压力较低，变量泵 2 输出流量大，动力滑台快速退回。由于活塞杆的面积大约为活塞的一半，所以动力滑台快进、快退的速度大致相等。

6. 原位停止

当动力滑台退回到原始位置时，挡块压下行程开关，这时电磁铁 1YA、2YA、3YA 都失电，电液动换向阀 5 处于中位，动力滑台停止运动，变量泵 2 输出油液的压力升高，使泵的流量自动减至最小。表 2－4 是该液压系统的电磁铁和行程阀的动作表。

表 2－4　组合机床动力滑台液压系统电磁铁和行程阀的动作表

	1YA	2YA	3YA	17
快　进	+	−	−	−
一工进	+	−	−	+
二工进	+	−	+	+
死挡铁停留	−	−	−	−
快　退	−	+	−	−
原位停止	−	−	−	−

通过以上分析可以看出,为了实现自动工作循环,该液压系统应用了下列一些基本回路。

(1)调速回路:采用了由限压式变量泵和调速阀的调速回路,调速阀放在进油路上,回油经过背压阀。

(2)快速运动回路:应用限压式变量泵在低压时输出流量大的特点,并采用差动连接来实现快速前进。

(3)换向回路:应用电液动换向阀实现换向,工作平稳、可靠,并由压力继电器与时间继电器发出的电信号控制换向信号。

(4)快速运动与工作进给的换接回路:采用行程换向阀实现速度的换接,换接的性能较好。同时利用换向后系统中的压力升高使液控顺序阀接通,系统由快速运动的差动连接转换为使回油排回油箱。

(5)两种工作进给的换接回路:采用了两个调速阀串联的回路结构。

项目三　认识气动系统

学习目标

知识目标：

1. 掌握气动系统的组成及各部分的作用；
2. 掌握气动控制技术的特点；
3. 掌握空压机、气缸、气动马达、气动辅件的结构、工作原理、图形符号；
4. 掌握气动控制设备使用安全操作规范。

技能目标：

1. 能正确绘制气动基本设备的图形符号；
2. 能正确使用、拆装、保养空压机、气动辅件、气缸、气动马达等基本设备。

学习引导

气压传动是以压缩空气为工作介质进行能量传递和信号传递的一门技术。

气压传动的工作原理是利用空压机把电动机或其他原动机输出的机械能转换为空气的压力能，然后在控制元件的作用下，通过执行元件把压力能转换为直线运动或回转运动形式的机械能，从而完成各种动作，并对外做功。

与液压系统相同，掌握气压传动的结构、原理、特点、组成、符号及控制方式，也是气压传动系统应用、安装、调试、维修的基础。

气压传动的应用历史悠久。早在公元前，埃及人就开始用风箱产生压缩空气助燃，这是最初气压传动的应用。从18世纪的产业革命开始，气压传动逐渐被应用于各类行业中，如矿山用的风钻、火车的刹车装置等。而气压传动应用于一般工业中的自动化、省力化则是近些年的事情。目前，世界各国都把气压传动作为一种低成本的工业自动化手段。自20世纪60年代以来，国内外气压传动的发展十分迅速，目前气压传动元件的发展速度已超过了液压传动元件，气压传动已成为一个独立的专门技术领域。

气压传动技术目前的应用范围相当广泛，许多机器设备中装有气压传动系统(图3－1)。

图3－1　气压传动的应用

在工业各领域，如机械、电子、钢铁、运输车辆及制造、橡胶、纺织、化工、食品、包装、印刷和烟草领域等，气压传动技术已成为基本组成部分。在尖端技术领域，如核工业和宇航中，气压传动技术也占据着重要的地位。

任务一　认识公交车气动门的工作原理

一、任务引入

我们日常乘坐的公交车，司机只需轻按按钮，车门（图3－2）就能自动开合，这是什么原理呢？

图3－2　公交车车门

本任务要求在学习气动相关知识的基础上能够分析出气动在公交车车门开合的工作原理，具体目标如下：

（1）掌握气动系统的组成及各部分的特点；

（2）建立对气动系统的初步认识，掌握公交车车门气动系统的工作原理。

二、相关知识

1. 气动系统的组成

一个完整的气压系统与液压系统相同，主要也由四部分组成，即气源装置、控制元件、执行元件、辅助元件。

（1）气源装置是获得压缩空气的装置。其主体部分是空气压缩机，它将原动机供给的机械能转变为气体的压力能。气源装置是为气动系统提供满足一定质量要求的压缩空气，它是气压传动系统的重要组成部分。由空气压缩机产生的压缩空气，必须经过降温、净化、减压、稳压等一系列处理后，才能供给控制元件和执行元件使用。

（2）控制元件是用来控制压缩空气的压力、流量和流动方向的，以便执行元件完成预定的工作循环。它包括各种压力控制阀、流量控制阀和方向控制阀等。

（3）执行元件是将气体的压力能转换成机械能的一种能量转换装置。它包括实现直线往复运动的气缸和实现连续旋转运动或摆动的气马达或摆动马达等。

(4)辅助元件是保证压缩空气的净化、元件的润滑、元件间的连接及消声等所必需的。它包括过滤器、油雾器、管接头及消声器等。

2. 气动系统的特点

1)压缩空气的特性

用量:空气到处都有,用量不受限制。

输送:空气不论距离远近,极易由管道输送。

储存:压缩空气可储存在贮气罐内,随时取用,故不需压缩机的连续运转。

温度:压缩空气不受温度波动的影响,即使在极端温度情况下亦能可靠地工作。

危险性:压缩空气没有爆炸或着火的危险,因此不需要昂贵的防爆设施。

清洁:未经润滑排出的压缩空气是清洁的,自漏气管道或气压组件逸出的空气不会污染物体。这一点对食品、木材和纺织工业是极为重要的。

构造:各种工作部件结构简单、价格便宜。

速度:压缩空气为快速流动的工作介质,故可获得很高的工作速度。

可调节性:使用各种气动元部件,其速度及出力大小可无限变化。

过载:气动机构与工作部件,可以超载而停止不动,因此无过载的危险。

处理:设备所使用的压缩空气不得含有灰尘和水分,因此必须进行除水与除尘处理。

可压缩性:压缩空气的可伸缩性使活塞的速度不可能总是均匀恒定的。

出力条件:压缩空气仅在一定的出力条件下使用才经济。常规工作气压为600~700 kPa,因行程和速度的不同,出力限制在20 000~30 000 N。

排气噪声:排放空气的声音很大,现在这个问题已因吸音材料和消音器的发展得到解决。

成本:压缩空气是一种比较昂贵的能量传递方法,但可通过高性价比的气动组件得到部分补偿。

2)执行元件的特点

气动执行元件包括气缸、摆缸与气马达。气动执行元件有下列特点:

(1)基本运动(直线、摆动与转动)易于实现;

(2)多种运动便于组合;

(3)运动参数(力、速度、方向)易于控制;

(4)品种多,尺寸范围广,易于设计与选择;

(5)使用寿命长,安全,可靠,灵敏;

(6)操作和安装简便,调试要求较高。

气缸是气动系统中最主要的执行元件,由于气缸价格低,便于安装,结构简单、可靠,并有各种尺寸和有效行程的组件可供使用,它已经成为一种重要的线性驱动组件。气缸一般有下列特点。

(1)直径范围:6~320 mm。

(2)有效行程:1~2 000 mm。

(3)活塞杆输出力:2~50 000 N。

(4)活塞速度:0.02~1 m/s。

3)气动控制系统的特点

气动控制系统通常采用下列方法对气动设备进行控制。

(1)采用纯气动控制方式。这种方式适用于那些不能采用电气控制的场合。例如磁头加工设备、无静电设备等,其控制系统完全由气动逻辑阀、气动方向阀、手动控制阀组成。这种纯气动控制系统,气路复杂,维修困难,在可以用电控的场合,一般不采用这种方法。

(2)电－气动控制系统。这种方式适用于那些简单的气动系统控制。如设备的气动系统只由3~4个气缸组成,相互动作之间的逻辑关系简单,可采用这种控制方式。由于控制系统采用的是常规的继电－接触控制系统,因此适用于控制系统复杂程度不高的场合。

(3)PLC控制系统。这是目前气动设备最常见的一种控制方式。由于PLC能处理相当复杂的逻辑关系,因此可对各种类型、各种复杂程度的气动系统进行控制。又由于控制系统采用软件编程方法实现控制逻辑,因此通过改变软件就可改变气动系统的逻辑功能,从而提高系统的柔性和可靠性。

(4)网络控制系统。当系统复杂程度不断增加,各台设备之间需相互通信来协调动作时,需要采用网络控制系统。

(5)综合控制系统。当设备的控制系统复杂,参数选择性较多,需随时了解工况时,可采用PLC＋人机界面＋现场网络总线的综合控制方式,使控制系统更灵活,控制能力更强,以满足设备的控制需求。

3. 气动系统的控制类型

纯气动系统的信号流图如图3－3所示。其水平箭头代表主气源的流动方向。主气源通过末级控制组件驱动输出执行机构。垂直箭头代表控制信号的流动方向,逐级构成一条总控制路径。其信号流向是从信号(输入)端到末级控制(输出)端。

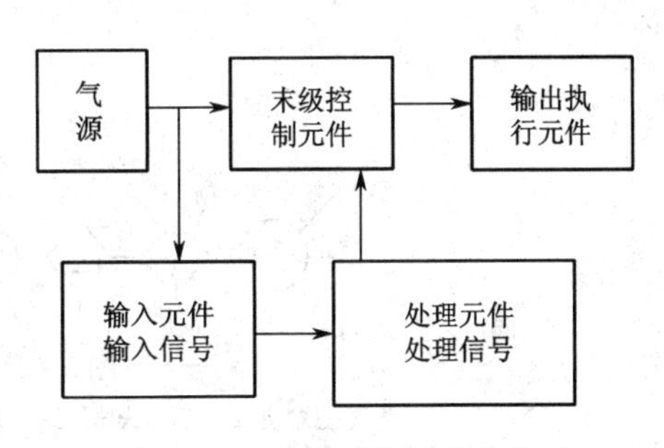

图3－3　纯气动系统的信号流图

可以用各种符号来表征系统中的各个元件及其功能。采用图3－4所示的回路图将这些符

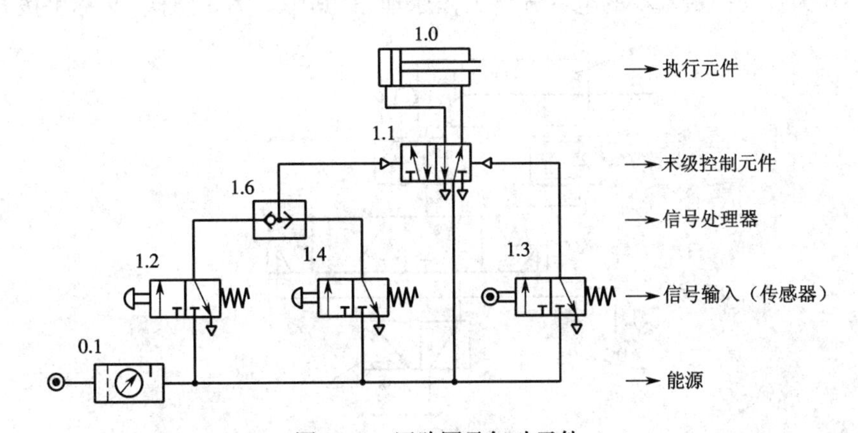

图3－4　回路图及气动元件

1.2、1.4—输入元件;1.3—传感器;1.6—处理器;1.1—控制元件;1.0—执行元件

号组合起来可以构成对一个实际控制问题的解决方案。回路图的画法形式同上述信号流图。不过,在执行机构部分中应加入必要的控制元件。这些控制元件接收处理器发出的信号并控制执行元件的动作。

直接控制阀具有检测、信号处理及实行控制的功能。如果直接控制阀(DCV)被用来控制气缸运动,那么它是一个执行机构的控制元件。如果利用其处理信号的功能,它就被定义为信号处理元件。如果用它来检测运动,则称其为传感器。这三种角色的显著特征通常取决于阀门的控制方式及其在回路图中的位置。

三、任务实施

(1)根据图3-5分析公交车气动门的工作原理。

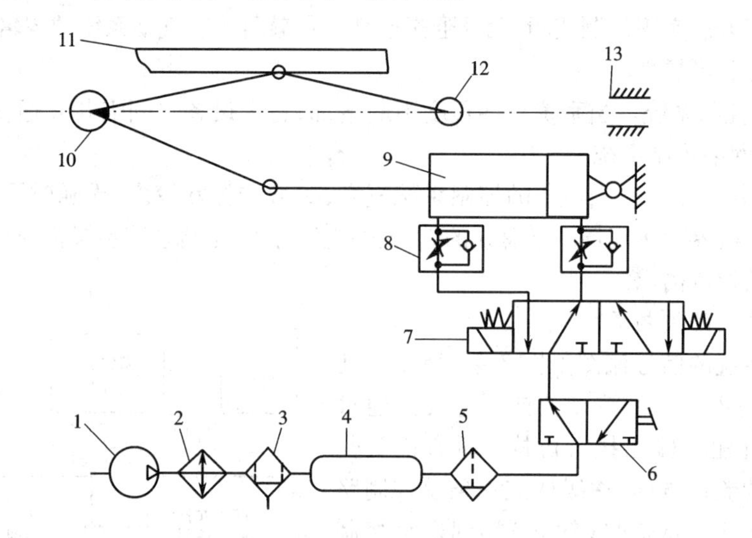

图3-5 气动门驱动原理

1—空气压缩机;2—后冷却器;3—除油器;4—贮气瓶;5—空气过滤器;6—紧急阀;7—二位五通电磁阀;8—单向节流阀;9—气缸;10—门轴;11—门体;12—滚轮;13—滑槽

图3-6为气动门最基本的电-气路工作原理图,其中2为紧急阀,又称手拨开关。在

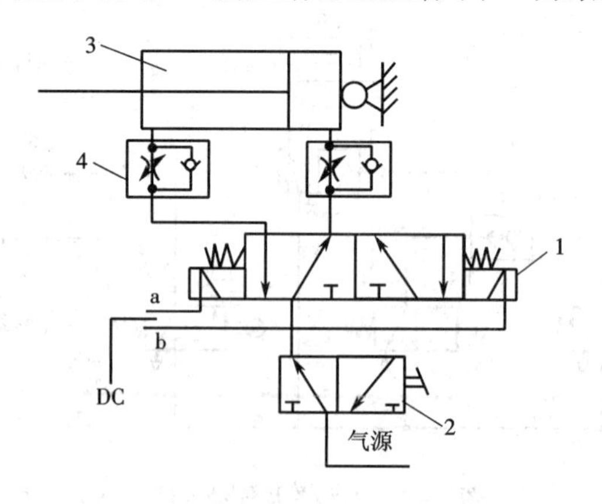

图3-6 电-气路工作原理

1—二位五通电磁阀;2—紧急阀;3—气缸;4—单向节流阀

正常状态下，手拨开关处于"开"状态，压缩空气由气源经过手拨开关通向二位五通电磁阀。当双向开关的 a 点接通时，电磁阀右端线圈通电，压缩空气经电磁阀向气缸 3 右腔充气，气缸左腔残留的空气经电磁阀的排气口排出，压缩空气推动活塞向左运动，气动门打开；当双向开关的 b 点接通时，电磁阀左端线圈通电，压缩空气经电磁阀向气缸 3 左腔充气，气缸右腔残留的空气经电磁阀的排气口排出，压缩空气推动活塞向右运动，气动门关闭。当气路、电路出现故障时，将手拨开关拨到"关"的位置，气缸左右腔的压缩空气都能通过电磁阀的排气口及手拨开关的排气口排出，可以实现气动门的手动打开、关闭。

(2)试着分析图 3－7 所示中剪切机气动工作原理。

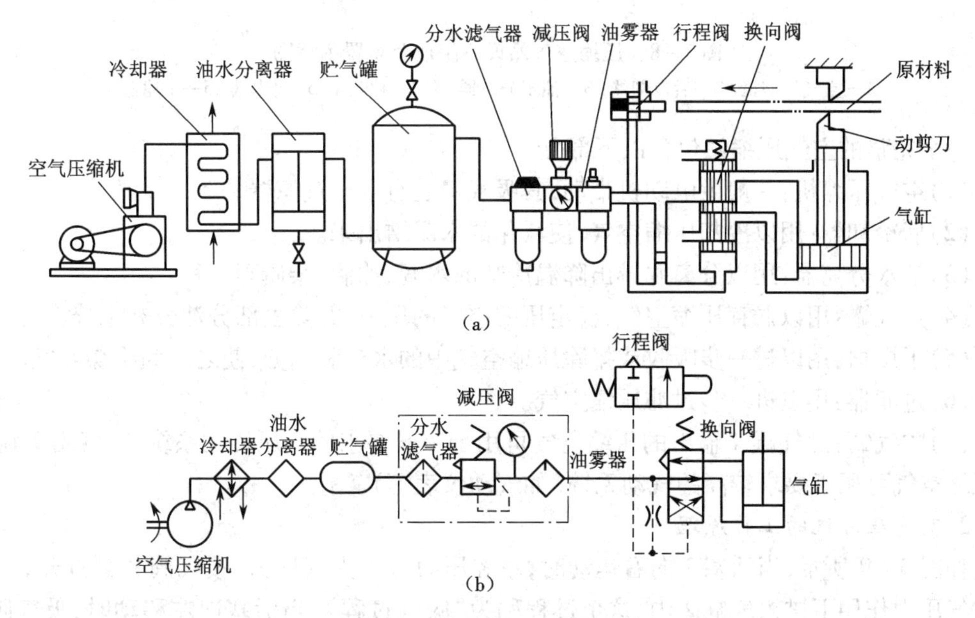

图 3－7　剪切机气动工作原理
(a)结构原理图　(b)图形符号

任务二　认识气源装置及气动基本回路

一、任务引入

压缩空气是气动系统的工作介质，气动系统中执行元件离不开压缩空气，而压缩空气都是由空气压缩机提供的。那么在气压传动系统中，空气压缩机如何选择？空气压缩机使用、维护和保养是怎样的呢？

二、相关知识

(一)空气压缩机

1. 空气压缩机的结构

空气压缩机是一种气压发生装置，它的作用是将机械能转换成气体的压力能，是气动系统的动力来源。空气压缩机种类繁多，按照工作原理可分为容积型压缩机和速度型压缩机两大类,在气压传动系统中一般采用容积型空气压缩机,如图 3 -8 所示。

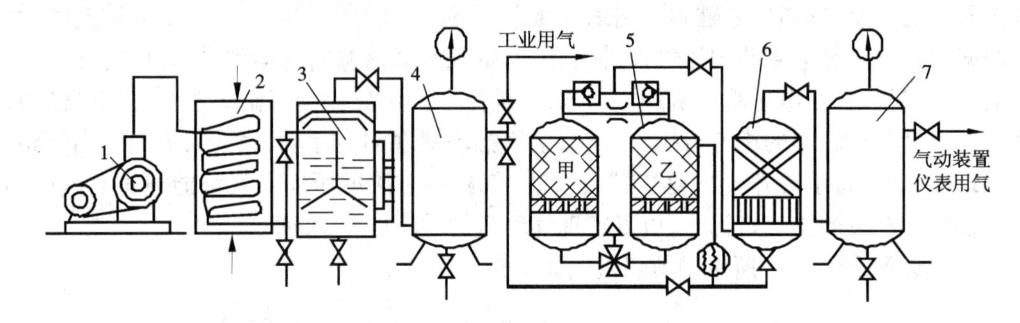

图 3 -8　压缩空气站设备组成及布置示意图

1—空气压缩机; 2—后冷却器; 3—油水分离器; 4、7—贮气罐;5—干燥器;6—过滤器

一个完整的空气压缩站包含以下部分。

(1)空气压缩机:一般由电动机带动,其吸气口装有空气过滤器。

(2)后冷却器:用以冷却压缩空气,使汽化的水凝结出来。

(3)油水分离器:用以分离并排出降温冷却的水滴、油滴、杂质等。

(4)贮气罐:用以贮存压缩空气,稳定压缩空气的压力,并除去部分油分和水分。

(5)干燥器:用以进一步吸收或排除压缩空气中的水分和油分,使之成为干燥空气。

(6)过滤器:用以进一步过滤压缩空气。

(7)贮气罐:贮气罐 4 输出的压缩空气可用于一般要求的气压传动系统,贮气罐 7 输出的压缩空气可用于要求较高的气动系统(如气动仪表等)。

2. 空气压缩机的工作原理

如图 3 -9 所示,当活塞 3 向右运动时,左腔压力低于大气压力,吸气阀 9 被打开,空气在大气压力作用下进入气缸 2 内,这个过程称为“吸气过程”;当活塞向左移动时,吸气阀 9 在缸内压缩气体的作用下关闭,缸内气体被压缩,这个过程称为“压缩过程”;当气缸内空气压力增高到略高于输气管内压力后,排气阀 1 被打开,压缩空气进入输气管道,这个过程称为“排气过程”。

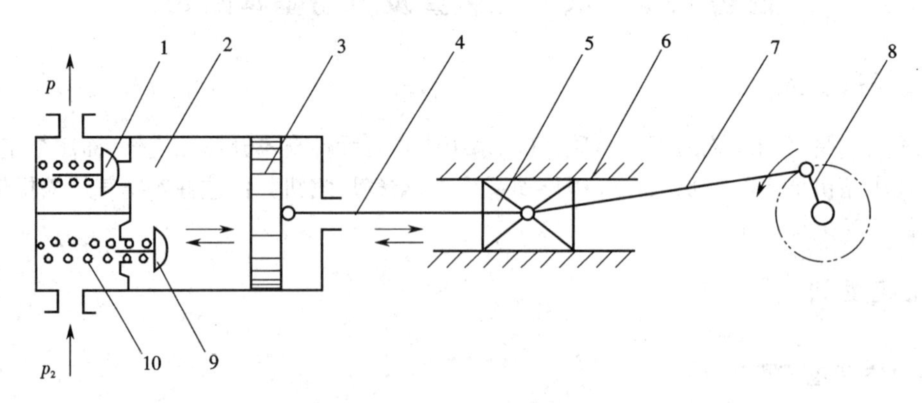

图 3 -9　往复活塞式空气压缩机工作原理

1—排气阀;2—气缸; 3—活塞;4—活塞杆;5—十字头;6—滑道;7—连杆;8—曲柄;9—吸气阀;10—弹簧

（二）气动辅助元件

气动辅助元件分为气源净化装置和其他辅助元件两大类。

1. 气源净化装置

净化设备包括后冷却器、油水分离器、储器罐、干燥器、分水滤气器。

1）后冷却器

作用：冷却压缩空气，使其中的水蒸气和油雾冷凝成水滴和油滴，以便进行下一步处理。

分类：水冷和风冷两种形式。其中水冷式要强迫冷却水逆着空气流动的方向流动进行冷却。

2）油水分离器

作用：将压缩空气中的冷凝水和油污等杂质分离出来，初步净化压缩空气。

3）储器罐

作用：储存一定数量的压缩空气，减少输出气流脉动，保证气流连续性，减弱管道振动，进一步分离压缩空气中的水分和油分。

选择容积时，可参考经验公式。

4）干燥器

作用：进一步除去压缩空气中含有的水分、油分、颗粒杂质等，使其干燥，用于对气源质量要求较高的气动装置、气动仪表等。

5）分水滤气器

作用：二次过滤，进一步分离水分、过滤杂质。

气动系统中，根据进气方向把分水滤气器、减压阀、油雾器称为气动三联件。三联件是气动元件和气动系统使用压缩空气质量的最后保证，应装在用气设备附近。

2. 其他辅助元件

1）油雾器

油雾器是一种特殊的注油装置。它以空气为动力，使润滑油雾化后，注入空气流中，并随空气进入需要润滑的部件，达到润滑的目的。油雾器的选择主要是根据气压传动系统所需额定流量及油雾粒径大小来进行。所需油雾粒径在 50 μm 左右选用一次油雾器。若所需油雾粒径很小可选用二次油雾器。油雾器一般应配置在滤气器和减压阀之后，用气设备之前较近处。

2）消声器

在气压传动系统之中，气缸、气阀等元件工作时，排气速度较高，气体体积急剧膨胀，会产生刺耳的噪声。噪声的强弱随排气的速度、排量和空气通道的形状而变化。排气的速度和功率越大，噪声也越大，一般可达 100 ~ 120 dB，为了降低噪声可以在排气口装消声器。

消声器就是通过阻尼或增加排气面积来降低排气速度和功率，从而降低噪声的。气动控制系统中，许多辅助元件是必不可少的，如油雾器、消声器、转换器和管件等。

3）转换器

在气动系统中，与其他自动控制装置一样，有发信、控制和执行部分，其控制部分工作介质为气体，而信号传感部分和执行部分不一定全用气体，可能用电或液体传输，这就要通过转换器来转换。

气－电转换器:将空气压缩机的气信号转变成电信号的装置,即用气信号接通或断开电路的装置,也称为压力继电器。

电－气转换器的作用正好与气－电转换器的作用相反,它是将电信号转换成气信号的装置。各种电磁换向阀可作为电－气转换器。

气－液转换器:气动系统中常用气－液阻尼缸或液压缸作为执行元件,以获得平稳的速度,因而需要把气信号转换成液压信号的装置,这就是气－液转换器。

4)管件和管路系统

管道连接件包括管子和各种管接头。

管子分为硬管和软管。硬管有钢管、铁管、紫铜管;软管有塑料管、尼龙管和橡胶管。其中常用的有紫铜管和尼龙管。

Ⅰ.选择题

1.不是构成气动三联件的元件是(　　)。

A.空气过滤器　　B.干燥器　　C.减压阀　　D.油雾器

2.排气节流阀一般安装在(　　)的排气口处。

A.空气压缩机　　B.控制元件　　C.执行元件　　D.辅助元件

Ⅱ.判断题

1.压缩空气具有润滑性能。　　(　　)

2.一般在换向阀的排气口应安装消声器。　　(　　)

3.气动回路一般不设排气管路。　　(　　)

4.压缩空气中水分等杂质经常引起元件腐蚀或动作失灵。　　(　　)

三、任务实施

1.空气压缩机的分类及选用原则

1)空气压缩机的分类

按其工作原理可分为容积型压缩机和速度型压缩机。容积型压缩机的工作原理是压缩气体的体积,使单位体积内气体分子的密度增大以提高压缩空气的压力。速度型压缩机的工作原理是提高气体分子的运动速度,然后使气体的动能转化为压力能以提高压缩空气的压力。

2)空气压缩机的选用原则

选用空气压缩机需根据压力和流量两个参数。一般空气压缩机为中压空气压缩机,额定排气压力为1 MPa。另外,还有低压空气压缩机,排气压力为0.2 MPa;高压空气压缩机,排气压力为10 MPa;超高压空气压缩机,排气压力为100 MPa。

2. 空气压缩机的使用、维护和保养

(1)使用前应检查压缩机皮带轮转动方向,是否与压缩机防护罩所粘贴的箭头方向一致。

(2)启动或停止空压机必须用压力开关控制,拔起压力开关的圆钮,空气压缩机即启动;反之,空气压缩机即停止。

(3)在使用过程中,若发现空气压缩机有异常情况,应立即切断总电源,待事故排除后,方可重新启动。

(4)当本机贮气罐有相对压力时,务必拉起安全阀的拉环,检查安全阀是否排气。如有故障,须检修合格方可使用本机。

(5)在使用过程中,如遇突然停电,首先应立即按下压力开关的圆钮,再切断总电源。

(6)新机运转 50 h 后,应检查所有紧固件是否松动,并更换润滑油,勿将不同型号润滑油混用,冬季使用 HS－13#压缩机油,夏季使用 HS－19#压缩机油。换机油时,必须切断总电源,拧开空气压缩机主机油箱下方放油孔螺丝,放毕应拧紧螺丝,方可加油。

(7)每日检查油面高度,缺油时添加,但不要超出或低于油镜中线位置。

(8)每日泄水,因为空气中本身含有水分,首先关闭空气压缩机,然后切断总电源,打开放气阀,将储气罐内的压缩空气放掉,待压力表指针到 0 时,方可打开贮气罐底部的放水阀排放,放毕并紧固。

(9)每月清洗空气压缩机的空气滤清器(工作环境恶劣的要缩短清洗周期),拆下空气滤清器,视滤芯油污或阻塞情况,决定清洗或更换。

(10)定期或不定期检查三角带的松紧度或损坏情况,在切断电源确认安全后,方可调整适度,于两皮带轮的中点将三角带压下,使其低下 10～15 mm 为宜。若三角带过紧,则负荷增加,马达容易发热耗电,皮带张力过甚容易断裂;若三角带过松,则容易滑动而产生高热,容易损坏皮带,且使空气压缩机回转数不能稳定。

(11)每月对空气压缩机的油垢进行彻底清理,确保空气压缩机的美观。

(12)工作结束,必须关闭空气压缩机的压力开关圆钮,切断总电源并将空气压缩机卸载。

四、拓展知识

1. 气缸

气缸是气动系统的执行元件之一。它是将压缩空气的压力能转换为机械能并驱动工作机构做往复直线运动或摆动的装置。与液压缸比,它具有结构简单、制造容易、工作压力低和动作迅速等特点,故应用十分广泛。

关于气缸的气源,居然与“大炮”有关。1680 年,荷兰科学家霍因斯受到大炮原理的启发,心想如将炮弹的强大力量用来推动其他机械不是挺好吗?他一开始仍用火药作燃烧爆炸物,将炮弹改成“活塞”,把炮筒作“气缸”。当然,由于行程过长,效率太低,最终没有成功。但是,正是霍因斯首先提出了“内燃机”的设想,后人在此基础上才发明了汽车用的发动机。

气缸的类型主要包括单作用气缸、双作用气缸、特殊气缸、组合气缸等,主要气缸符号如图 3－10 所示。单作用气缸只有一腔可输入压缩空气,实现一个方向运动。其活塞杆只能借助外力将其推回,通常借助于弹簧力、膜片张力、重力等。双作用气缸指两腔可以分别输入压缩空气，实现双向运动的气缸。其结构可分为双活塞杆式、单活塞杆式、双活塞式、缓冲式和非缓冲式等。此类气缸使用最为广泛。

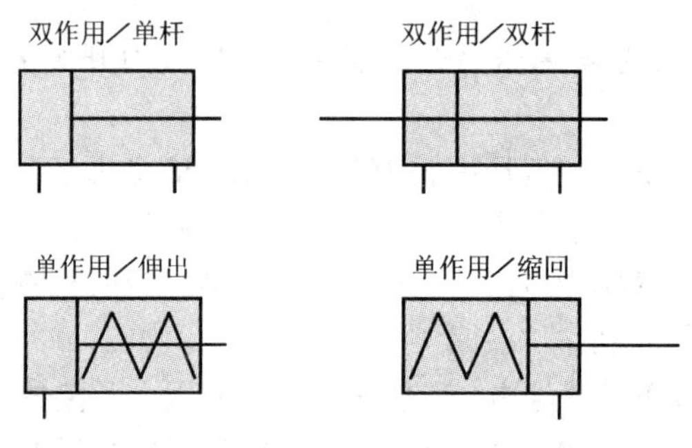

图 3 - 10　气缸符号

二、气动马达

气动马达是一种连续旋转运动的气动执行元件，是一种把压缩空气的压力能转换成机械能的能量转换装置，其作用相当于电动机或液压马达。在气压传动中使用广泛的是叶片式、活塞式和齿轮式气动马达。

图 3 - 11 所示的是双向叶片式气动马达。压缩空气由 A 孔输入，小部分经定子两端的密封盖的槽进入叶片底部(图中未表示)，将叶片推出，使叶片贴紧在定子内壁上，大部分压缩空气进入相应的密封空间而作用在两个叶片上。由于两叶片伸出长度不等，因此就产生了转矩差，使叶片与转子按逆时针方向旋转，做功后的气体由定子上的孔 B 排出。若改变压缩空气的输入方向(即压缩空气由 B 孔进入，从 A 孔排出）则可改变转子的旋转方向。

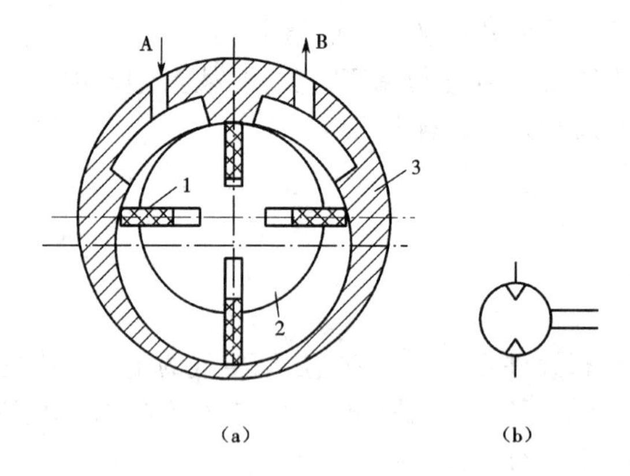

图 3 - 11　双向叶片式气动马达

(a)结构　(b)符号

1—叶片;2—转子;3—定子

气动马达的工作适应性较强，可用于无级调速、启动频繁、经常换向、高温潮湿、易燃易爆、负载启动、不便人工操纵及有过载可能的场合。目前，气动马达主要应用于矿山机械、专业性的机械制造业、油田、化工、造纸、炼钢、船舶、航空、工程机械等行业，许多气动工具如风钻、风扳手、风砂轮等均装有气动马达。随着气压传动的发展，气动马达的应用将更趋广泛。

三、常用气动元件符号

1. 常用辅助元件

常用辅助元件符号如表3－1所示。

表3－1　常用辅助元件符号

名称	符号	名称	符号
气罐		气压源	
蓄能器		过滤器	
电动机	M	原动机	M
冷却器		加热器	
压力表		流量计	
液位计		温度计	
分水排水器		除油器	
空气过滤器		空气干燥器	
油雾器		消声器	
气源调节装置		压力继电器	

2. 常用控制元件(阀)

常用控制元件符号如表 3-2 所示。

表 3-2　常用控制元件符号

名称	符号	名称	符号
直动式减压阀	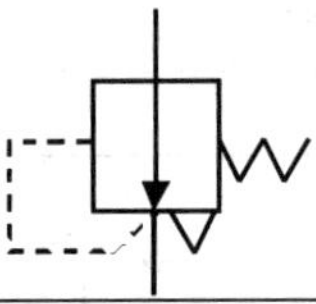	先导式减压阀	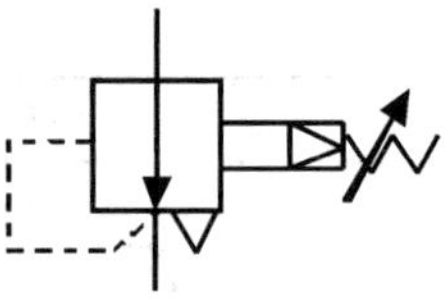
直动式顺序阀	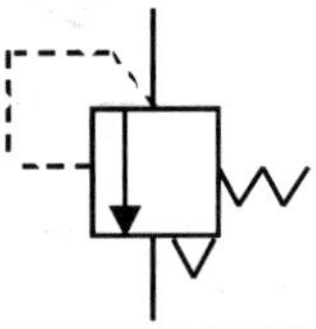	先导式顺序阀	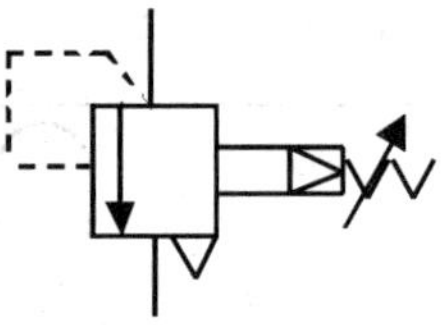
直动式溢流阀	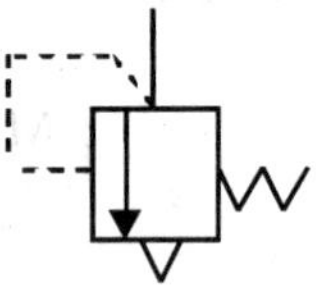	先导式溢流阀	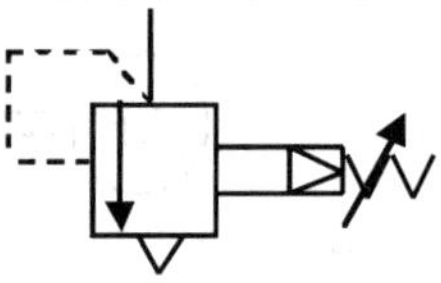
不可调节流阀		可调节流阀	
单向阀	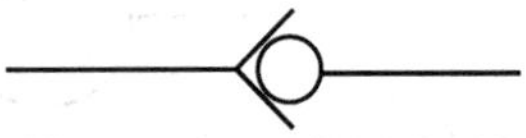	单向节流阀	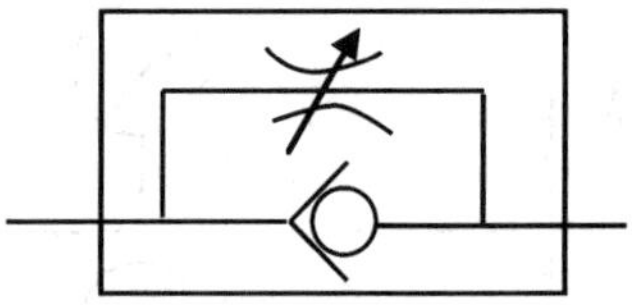

3. 常用控制方式

常用控制方式符号如表 3-3 所示。

表 3-3　常用控制方式符号

名称	符号	名称	符号
按钮式人力控制	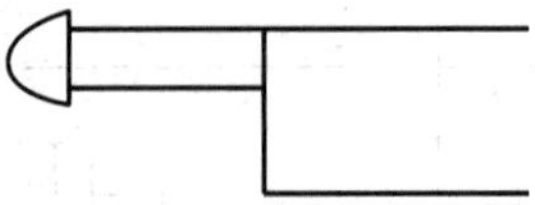	单向滚轮式机械控制	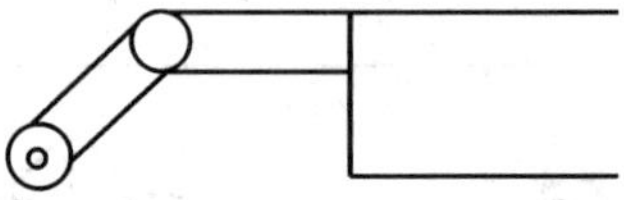
手柄式人力控制	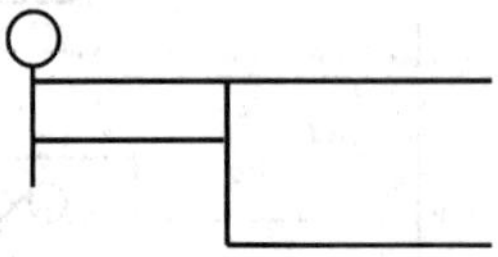	单作用电磁控制	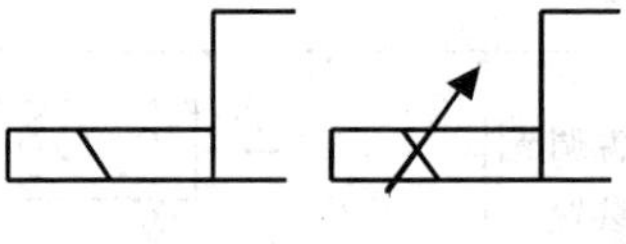

续表

名称	符号	名称	符号
踏板式人力控制		双作用电磁控制	
顶杆式机械控制		电动机旋转控制	
弹簧控制		加压或泄压控制	
滚轮式机械控制		内部压力控制	
外部压力控制		气压先导控制	
电气先导控制		电反馈控制	
气液先导控制		差动控制	

4. 常用执行元件

常用执行元件符号如图 3 –4 所示。

表 3 –4　常用执行元件符号

名称	符号	名称	符号
摆动马达		单向定量/变量马达	
双向定量/变量马达		截止阀	

四、气动基本回路

气动基本回路是气动系统的基本组成部分，按照功能可分为压力和力控制回路、换向回路、速度控制回路、位置控制回路等。

（一）压力和力控制回路

1. 压力控制回路

在气动系统中，压力控制不仅是维持系统正常工作所必需的，而且也是关系到系统的经济性、安全性及可靠性的重要因素。为调节和控制系统的压力，可以采用压力控制回路。

1）一次压力控制回路

一次压力控制回路用于控制压缩空气站的贮气罐的输出压力，使之稳定在一定的压力范围内，常用外控式溢流阀（作安全阀）和电触点压力表（或压力继电器）使贮气罐内的压力保持在规定范围内。

如图 3－12（a）所示，空气压缩机启动后将压缩空气经单向阀向贮气罐 2 内送气，当罐内压力上升到最大值时，电触点压力表 3 发出控制信号，使压缩机停止运转；当罐内压力下降到最小值时，电触点压力表 3 再次发出控制信号，使压缩机运转，并向贮气罐供气。图 3－12（b）所示的回路中，用压力继电器 4 代替了图 3－12（a）中的电触点压力表 3。压力继电器同样可调节压力的上限值和下限值，这种方法常用于小容量压缩机的控制。回路中的安全阀 1 的作用是当电触点压力表、压力继电器或电路发生故障，导致压缩机不能停止运转，贮气罐内压力不断上升，当压力达到调定值时，该安全阀会打开溢流，使罐内压力稳定在调定压力值的范围内。

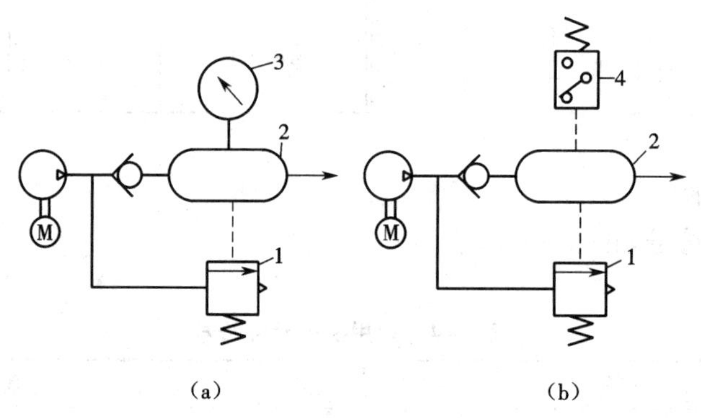

图 3－12　一次压力控制回路

（a）带压力表的回路　（b）带压力继电器的回路

1—安全阀；2—贮气罐；3—电触点压力表；4—压力继电器

2）二次压力控制回路

为了使系统正常工作，保持稳定的性能，以达到安全、可靠、节能等目的，需要对系统的工作压力进行控制。

在如图 3－13 所示的压力控制回路中，从压缩空气站一次回路过来的压缩空气，经空气过滤器 1、减压阀 2、油雾器 3 供气动设备使用。在此过程中，调节减压阀就能得到气动设备所需的工作压力。应该指出，这里的油雾器 3 主要对气动换向阀和执行元件进行润滑。如果采用无给油润滑的气动元件，则不需要油雾器。

3）高低压控制回路

如果有些气动设备时而需要高压，时而需要低压，就可采用图 3－14 所示的高低压控制回路。其原理是先用减压阀 1 和 2 将气源压力调至两种不同的压力 p_1 和 p_2，再由二位三通阀 3 转换成 p_1 或 p_2。

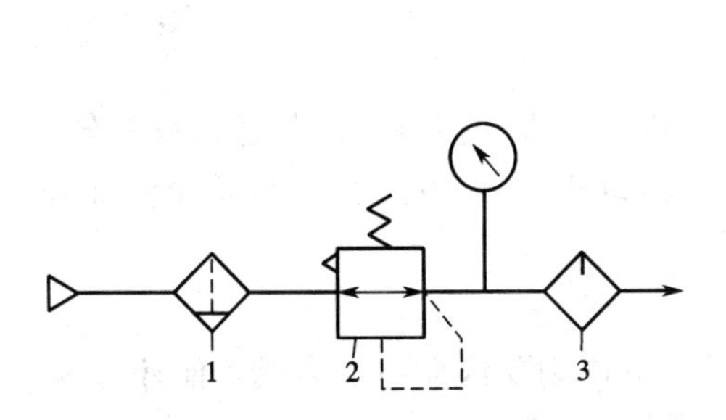

图 3－13 二次压力控制回路
1—空气过滤器；2—减压阀；3—油雾器

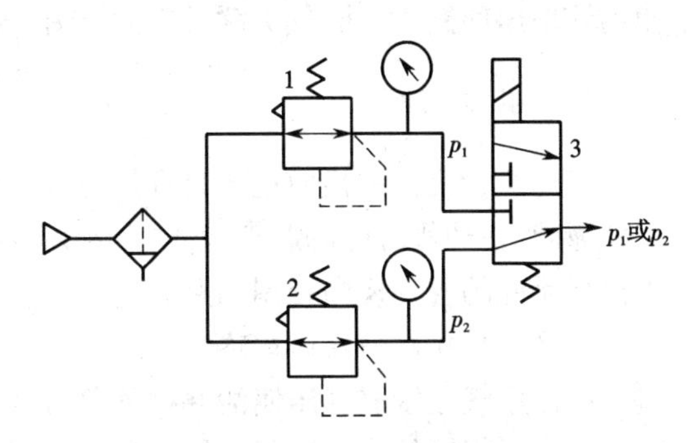

图 3－14 高低压控制回路
1、2—减压阀；3—电磁换向阀

2. 力控制回路

气缸等执行元件和液压执行元件一样，输出力的大小与输入压力和元件的受力面积有关。因为气动系统的输入压力一般不太高，可以通过改变有效作用面积来实现提高输出力的目的。

图 3－15(a)所示为利用串联气缸实现增力的回路。串联气缸的活塞杆上连接有数个活塞，每个活塞的两侧可分别供给压力。通过对电磁换向阀 1、2、3 的通电个数进行组合，可实现气缸的增力输出。气缸增力的倍数与气缸的串联段数成正比。

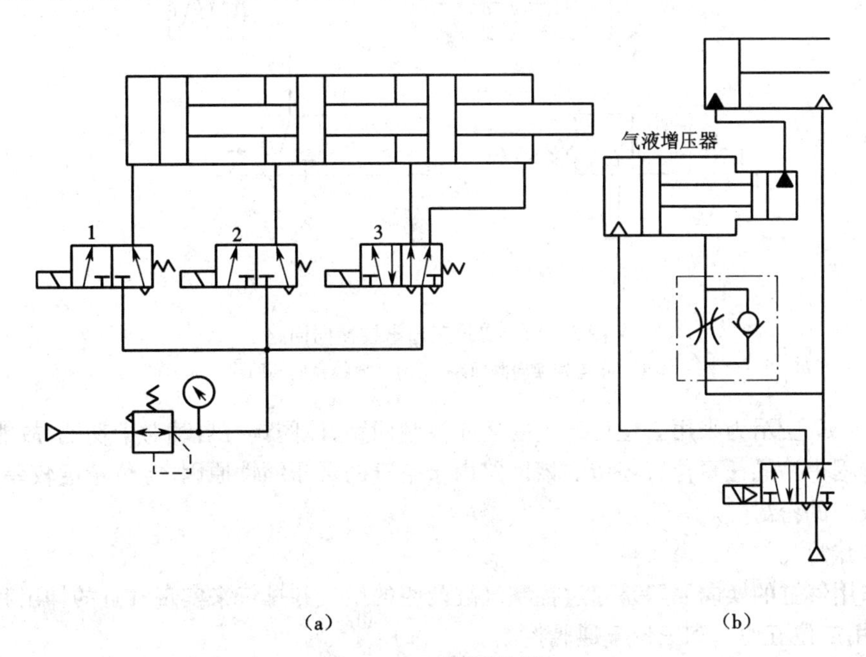

图 3－15 力控制回路
(a)串联气缸增力回路 (b)气液增压缸增力回路

图 3－15(b)所示为气液增压缸增力回路。该回路利用气液增压缸把较低的气压变成

较高的液压，提高了气液缸的输出力。电磁阀左侧通电，对增压器低压侧施加压力，增压器动作，其高压侧产生高压油并提供给工作缸。电磁阀右侧通电可实现工作缸及增压器回程。使用该增压回路时，油、气关联处密封要好，油路中不得混入空气。

（二）换向回路

气动执行元件的换向主要是利用方向控制阀来实现的。方向控制阀按其通路数来分，有二通阀、三通阀、四通阀、五通阀等，利用这些方向控制阀可以构成单作用执行元件和双作用执行元件的各种换向控制回路。

1. 单作用气缸的换向回路

单作用气缸依靠气压使活塞杆朝单方向伸出，反向复位则要依靠弹簧力或其他外力返回。单作用气缸的换向通常采用二位三通阀、三位三通阀来实现。

图 3－16 所示为采用电控二位三通换向阀的控制回路。图 3－16(a)为采用单电控换向阀的控制回路，当换向阀电磁铁得电时，换向阀切向左位，向气缸左腔供气，活塞杆伸出；当电磁铁断电时，换向阀由弹簧切到右位，气缸左腔排气，活塞杆依靠弹簧力复位。此回路如果气缸在伸出时突然断电，则单电控阀将立即复位，气缸得以返回。图 3－16(b)为采用双电控换向阀的控制回路。双电控阀为双稳态阀，具有记忆功能，当气缸在伸出时突然断电，换向阀不切换，气缸仍保持原来的状态。如果回路需要考虑失电保护控制，则选用双电控阀为好，双电控阀应水平安装。

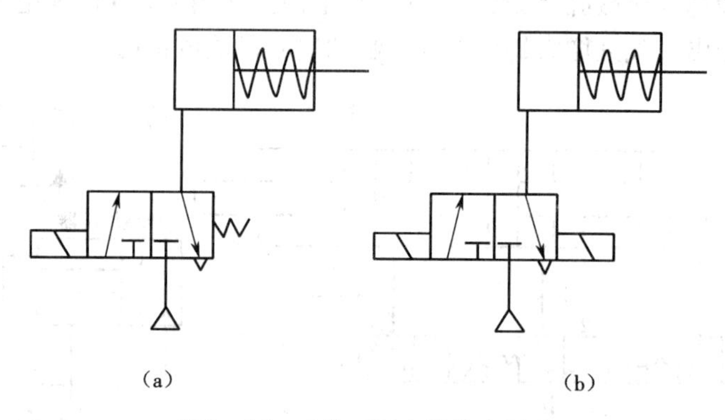

图 3－16　二位三通电控换向回路

(a)单电控换向阀回路　(b)双电控换向阀回路

图 3－17 所示为采用三位三通阀的换向控制回路，该阀具有自动对中功能，故能实现活塞杆在行程中途的任意位置停留。该回路由于空气的可压缩性原因，定位精度较差，并要求系统有较好的密封性。

2. 双作用气缸的换向回路

双作用气缸的换向回路是通过控制气缸两腔的供气和排气来实现气缸的伸出和缩回运动，一般用二位五通阀和三位五通阀控制。

图 3－18 所示为采用了二位五通阀控制的换向回路。

当需要中间定位时，可采用三位五通阀构成的换向回路，如图 3－19 所示。图 3－19(a)所示为双气控三位五通阀换向回路。当 m 信号输入时换向阀切换至左位，气缸活塞杆伸出；当 n 信号输入时换向阀切换至右位，气缸活塞杆缩回；当 m、n 均排气时换向阀回到中

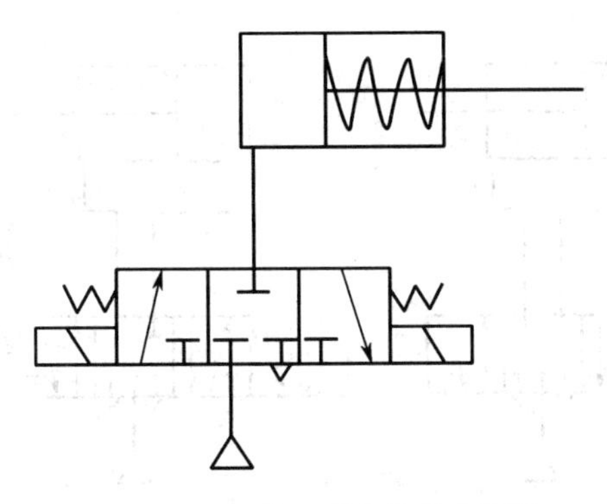

图 3 – 17　三位三通电控换向回路

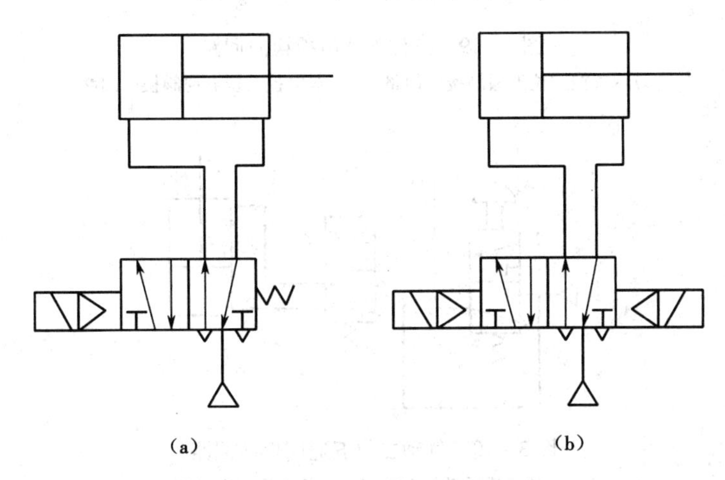

(a)　　　　(b)

图 3 – 18　二位五通电控换向回路
(a)单电控方式　(b)双电控方式

位,活塞杆在中途停止运动。由于空气的可压缩性以及气缸活塞、活塞杆及其带动的运动部件产生的惯性力,仅用三位五通阀使活塞杆在中途停下,定位精度不高。图 3 – 19(b)是用双电控三位五通阀组成的换向回路,活塞可在中途停止运动,可以用电气控制线路来进行控制。

图 3 – 20 所示为采用气控二位五通换向阀控制的换向回路。当缸径很大时,手控阀的流通能力过小将影响气缸运动速度。因此,直接控制气缸换向的主控阀需采用通径较大的气控阀,图中阀 1 为手动操作阀,阀 1 也可用机控阀代替。

(三)速度控制回路

控制气动执行元件运动速度的一般方法是改变气缸进排气管路的阻力。因此,利用流量控制阀来改变进排气管路的有效截面积,即可实现速度控制。由于气动系统的功率都不大,故气动系统调速的方法主要是节流调速。

1. 单作用气缸的速度控制回路

1)进气节流调速回路

图 3 – 21(a)、(b)所示的回路分别采用了节流阀和单向节流阀,通过调节节流阀的不同开度,可以实现进气节流调速。气缸活塞杆返回时,由于没有节流,可以快速返回。

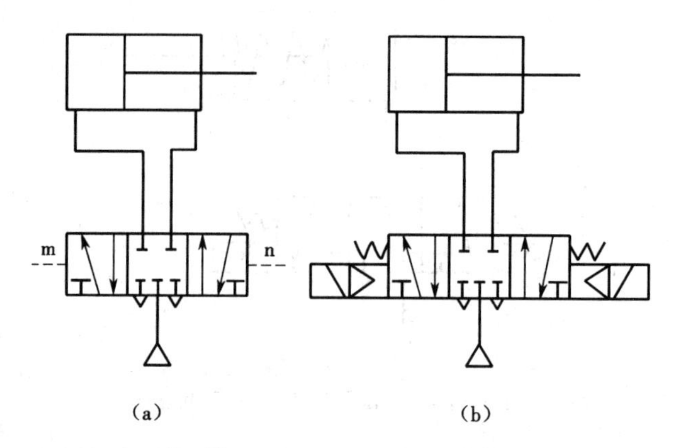

图 3－19　三位五通电控换向回路

(a)双气控三位五通阀换向回路　(b)双电控三位五通阀换向回路

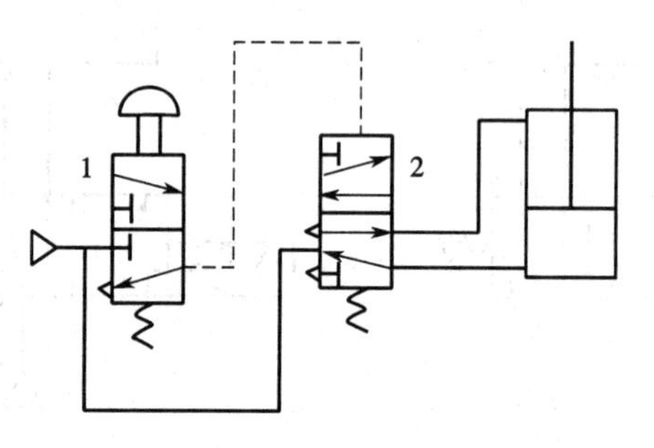

图 3－20　气动二位五通阀换向回路

1—二位三通手动换向阀;2—二位五通气动换气阀

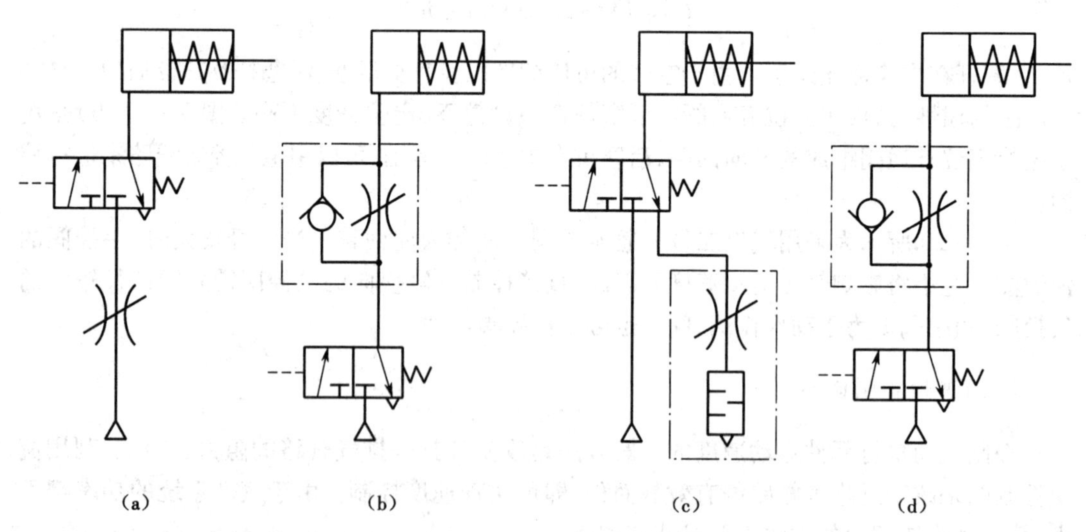

图 3－21　单作用气缸速度控制回路

(a)采用节流阀　(b)采用单向节流阀 1　(c)设置排气节流阀　(d)采用单向节流阀 2

2)排气节流调速回路

图 3－21(c)、(d)所示的回路均是通过排气节流来实现快进和慢退的。图 3－21(c)中

的回路是在排气口设置排气节流阀来实现调速，其优点是安装简单、维修方便。但在管路比较长时，较大的管内容积会对气缸的运行速度产生影响，此时就不宜采用排气节流阀控制。图 3－21(d)中的回路是换向阀与气缸之间安装了单向节流阀，回路在进气时不节流，活塞杆快速前进，换向阀复位时，由节流阀控制活塞杆的返回速度。这种安装形式不会影响换向阀的性能，故工程中多数采用这种回路。

2. 双作用气缸的速度控制回路

1)进气节流调速回路

图 3－22(a)所示为双作用气缸的进气节流调速回路。在进气节流时，气缸排气腔压力很快降至大气压，而进气腔压力升高的速度比排气腔压力降低的速度慢。当进、排气腔压力产生的合力大于活塞静摩擦力时，活塞开始运动。由于滑动摩擦力小于最大静摩擦力，所以活塞启动时运动速度较快，进气腔容积急剧增大。由于进气节流限制了供气速度，使得进气腔压力降低，从而容易造成气缸的“爬行”现象。一般来说，进气节流多用于垂直安装的气缸支撑腔的供气回路。

2)排气节流调速回路

图 3－22(b)所示为双作用气缸的排气节流调速回路，图 3－22(c)所示为采用排气节流阀的调速回路。在排气节流时，排气腔内可以建立与负载相适应的背压，在负载保持不变或微小变动的条件下，运动比较平稳，调节节流阀的开度即可调节气缸往复运动的速度。排气节流调速时，进气阻力小，受外载变化影响小，调速效果好于进气节流调速。因此，双作用气缸一般采用排气节流控制。

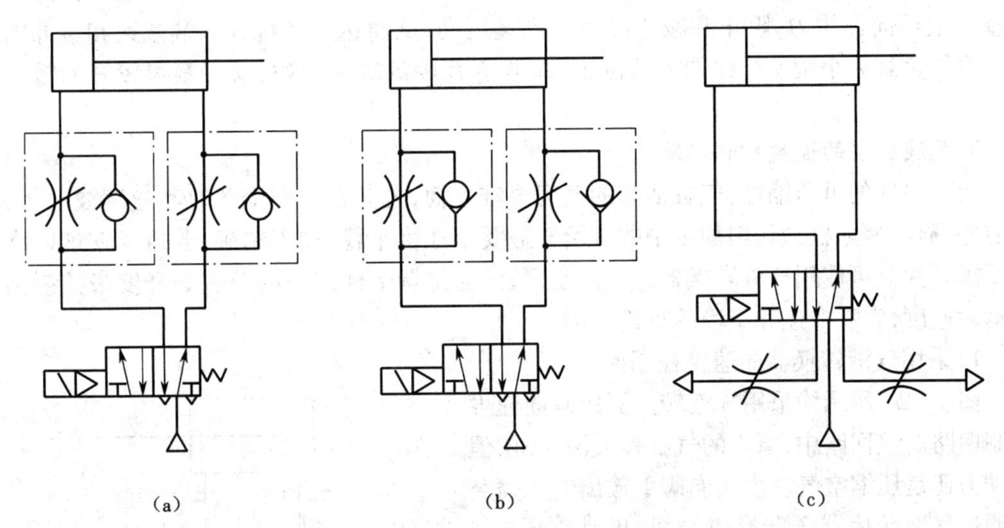

图 3－22　双作用气缸速度控制回路

(a)进气节流调速回路　(b)排气节流调速回路　(c)采用排气节流阀的回路

3)缓冲回路

气缸驱动较大负载高速移动时，会产生很大的动能。将此动能从某一位置开始逐渐减小，使活塞逐渐减慢速度，最终使执行元件在指定位置平稳停止的回路称为缓冲回路。

如图 3－23 所示，缓冲的方法大多是利用空气的可压缩性，在气缸内设置气压缓冲装置。对于行程短、速度高的回路，气缸内设气压缓冲装置吸收动能比较困难，一般采用液压吸振器,如图3－23(a)所示。对于运动速度较高、惯性力较大、行程较长的气缸,可采用两个节流阀并联使用的方法,如图3－23(b)所示。

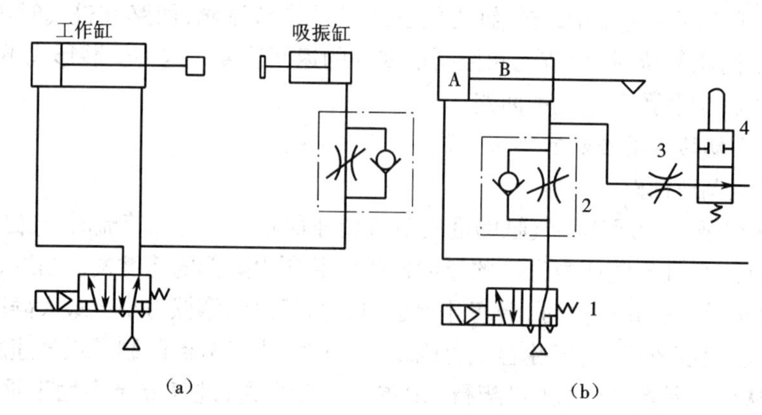

图3－23　缓冲回路

(a)含吸振器的回路　(b)含两个节流阀的回路

1—排气阀;2、3—节流阀;4—行程阀

在图3－23(b)所示的回路中,节流阀3的开度大于节流阀2。当阀1通电时,A腔进气,B腔的气流经节流阀3、换向阀4从阀1排出。调节阀3的节流阀开度,可改变活塞杆的前进速度。当活塞杆挡块压下行程终端的行程阀4后,行程阀4换向,通路切断,这时B腔的余气只能从阀2的节流阀排出。如果把节流阀2的开度调得很小,则B腔内压力猛升,对活塞产生反向作用力,阻止和减小活塞的高速运动,从而达到在行程末端减速和缓冲的目的。根据负载大小调整行程阀4的位置,即调整B腔的缓冲容积,就可获得较好的缓冲效果。

3. 气液联动的速度控制回路

由于空气的可压缩性,气缸活塞的速度很难平稳,尤其在负载变化时其速度波动更大。在有些场合,例如机械切削加工中的进给气缸要求速度平稳、加工精确,普通气缸难以满足此要求。为此可使用气液转换器或气液阻尼缸,通过调节油路中的节流阀开度来控制活塞的运动速度,实现低速和平稳的进给运动。

1)采用气液转换器的速度控制回路

图3－24所示为采用气液转换器的双向速度控制回路。该回路中,原来的气缸换成液压缸,但原动力还是压缩空气。由换向阀1输出的压缩空气通过气液转换器2转换成油压,推动液压缸4作前进与后退运动。两个节流阀3串联在油路中,可控制液压缸活塞进退运动的速度。由于油是不易压缩的介质,因此其调节的速度容易控制,调速精度高,活塞运动平稳。

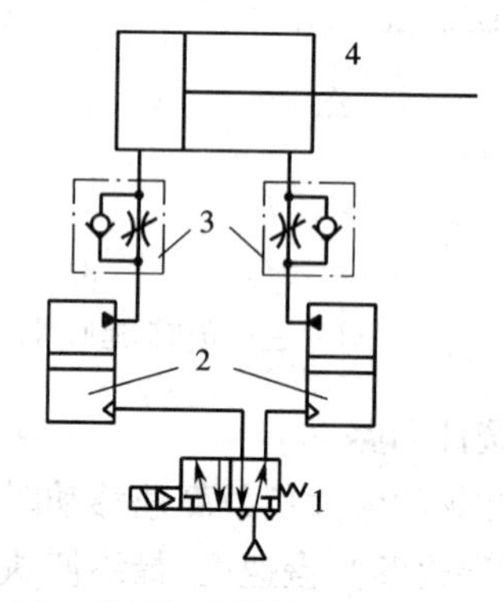

图3－24　采用气液转换器的速度控制回路

1—换向阀;2—气液转换器;3—节流阀;4—液压缸

需要注意的是:气液转换器的贮油容积应大于液压缸的容积,而且要避免气体混入油中,否则就会影响调速精度与活塞运动的平稳性。

2)采用气液阻尼缸的速度控制回路

在这种回路中,用气缸传递动力,由液压缸进行阻尼和稳速,并由液压缸和调速机构进行调速。由于调速是在液压缸和油路中进行的,因而调速精度高、运动速度平稳。因此,这种调速回路应用广泛,尤其在金属切削机床中用得最多。

图3－25(a)所示为串联型气液阻尼缸双向调速回路。由换向阀1控制气液阻尼缸2的活塞杆前进与后退,阀3和阀4调节活塞杆的进、退速度,油杯5起补充回路中少量漏油的作用。

图3－25(b)所示为并联型气液阻尼缸双向调速回路。调节连接液压缸两腔回路中设置的节流阀6,即可实现速度控制,7为储存液压油的蓄能器。这种回路的优点是比串联型结构紧凑,气液不宜相混;不足之处是如果两缸安装轴线不平行,会由于机械摩擦导致运动速度不平稳。

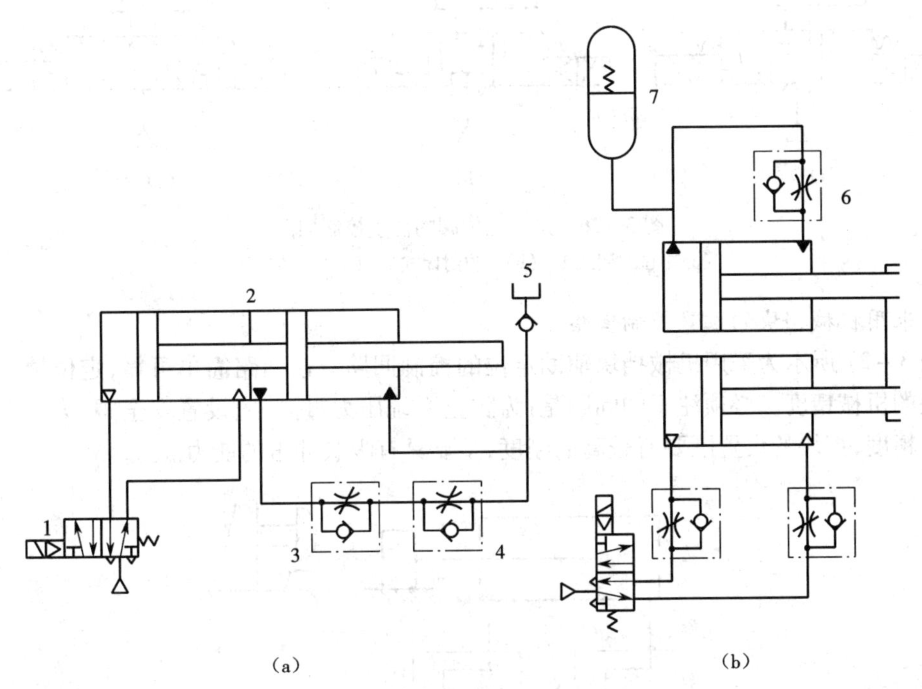

图3－25　采用气液阻尼缸的速度控制回路

(a)串联型　(b)并联型

1—换向阀;2—气液阻尼缸;3、4、6—节流阀;5—油杯;7—蓄能器

(三)位置控制回路

如果要求气动执行元件在运动过程中的某个中间位置停下,则要求气动系统具有位置控制功能。常采用的位置控制方式有采用三位阀方式、机械挡块方式和制动气缸控制方式等。

1.采用三位阀的位置控制回路

图3－26(a)所示为采用三位五通阀中位封闭式的位置控制回路。当阀处于中位时,气缸两腔的压缩空气被封闭,活塞可以停留在行程中的某一位置。这种回路不允许系统有内

泄漏，否则气缸将偏离原停止位置。另外，由于气缸活塞两端作用面积不同，阀处于中位后活塞仍将移动一段距离。图 3－26(b)所示的回路可以克服上述缺点，因为它在活塞面积较大的一侧和控制阀之间增设了调压阀，调节调压阀的压力，可以使作用在活塞上的合力为零。图 3－26(c)所示的回路采用了中位加压式三位五通换向阀，适用于活塞两侧作用面积相等的气缸。

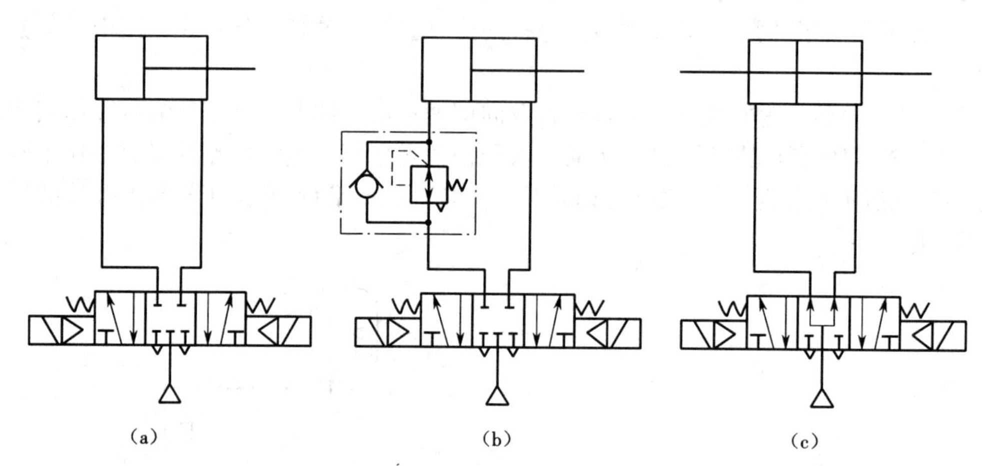

图 3－26　采用三位阀的位置控制回路

(a)中位封闭式 1　(b)中位封闭式 2　(c)中位加压式

2. 采用机械挡块的位置控制回路

图 3－27 所示为采用机械挡块辅助定位的控制回路。该回路简单可靠，定位精度取决于挡块的机械精度。必须注意的问题是：为防止系统压力过高，应设置安全阀；为了保证高的定位精度，挡块的设置既要有较高的刚度，又要具有吸收冲击的能力。

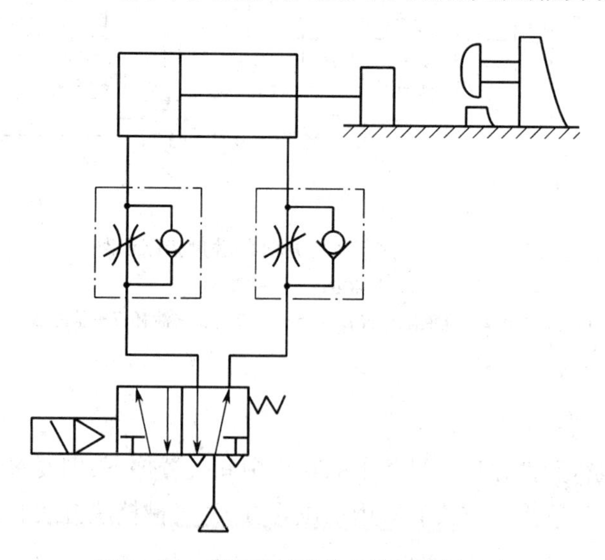

图 3－27　采用机械挡块的位置控制回路

3. 利用制动气缸的位置控制回路

图 3－28 所示为利用制动气缸实现中间定位的控制回路。该回路中，三位五通换向阀

1 的中位机能为中位加压型，二位五通阀 2 用来控制制动活塞的动作，利用带单向阀的减压阀 3 来进行负载的压力补偿。当阀 1、2 断电时，气缸在行程中间制动并定位；当阀 2 通电时，制动解除。

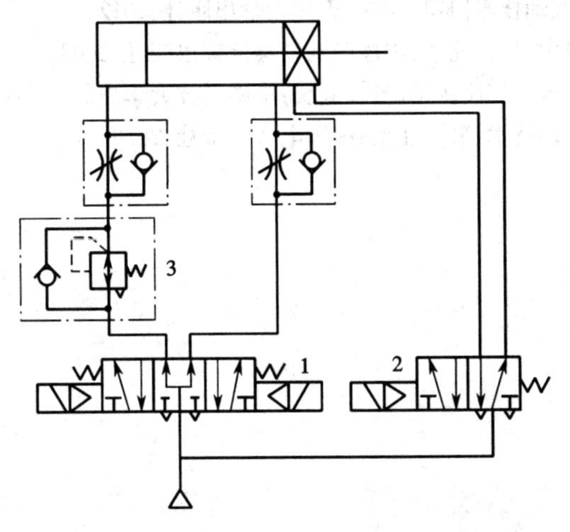

图 3－28　利用制动气缸的位置控制回路

1—三位五通换向阀；2—二位五通阀；3—减压阀

五、学习小结

参考文献

[1] 朱杰,张双侠.液压与气动技术[M].天津:天津大学出版社,2012.

[2] 武开军.液压与气动技术[M].北京:中国劳动社会保障出版社,2008.

[3] 王怀奥,尹霞,姚杰.液压与气压传动[M].武汉:华中科技大学出版社,2012.

[4] 周曲珠.图解液压与气动技术[M].北京:中国电力出版社,2010.